Viola Krauß · Martina Kiesel

Das Bastelbuch für alle, die sich im Büro langweilen

Viola Krauß · Martina Kiesel

DAS BASTELBUCH FÜR ALLE, DIE SICH IM BÜRO LANGWEILEN

Arbeitszeit und Büromaterial
effektiv verjubeln

blanvalet

Verlagsgruppe Random House FSC® N001967
Das für dieses Buch verwendete FSC®-zertifizierte Papier
Amber graphic liefert Sappi, Stockstadt.

2. Auflage
Originalausgabe im Blanvalet Verlag,
in der Verlagsgruppe Random House GmbH, München
Copyright © 2014 by Verlagsgruppe Random House GmbH, München
Illustrationen und Gestaltung: Martina Kiesel, Berlin,
www.martinakiesel.de
Umschlaggestaltung: www.buerosued.de unter Verwendung
von Illustrationen von Martina Kiesel
Satz: Uhl + Massopust, Aalen
Druck und Einband: Těšínská tiskárna, a. S., Cěšký Těšín
Printed in the Czech Republic
ISBN: 978-3-7645-0491-5

www.blanvalet.de

Gewidmet Horst Tacker,
Anstifter und wichtiger Beiträger zu diesem
Buch und im Herzen einer von uns –
auch wenn der Ruf einer unwiderstehlichen
Bürostelle ihn vom rechten Pfad abbrachte

Texte: Viola Krauß

Illustrationen: Martina Kiesel

Inhalt

Vorwort

Pilot, Popstar, Bademeister – welche Träume wir hatten, als wir noch Kinder waren! Und wo sitzen wir heute? Im Büro. Für den Piloten waren wir zu schlecht in Mathe. Und obwohl wir jede freie Minute mit Proben verbrachten, hat uns nie ein Hitproduzent entdeckt, um eine Platte mit unseren Whitney-Houston-Coverversionen aufzunehmen. Außerdem kapierten selbst wir irgendwann, dass Bademeister nicht die hellsten Kerzen auf der Torte waren. Was blieb also? Das Büro.

Berufswünsche von 8-Jährigen

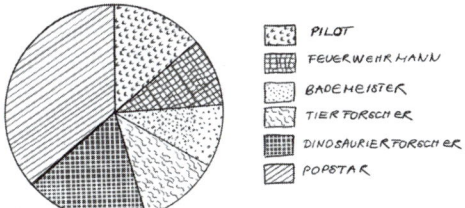

- PILOT
- FEUERWEHRMANN
- BADEMEISTER
- TIERFORSCHER
- DINOSAURIERFORSCHER
- POPSTAR

Berufe von 38-Jährigen

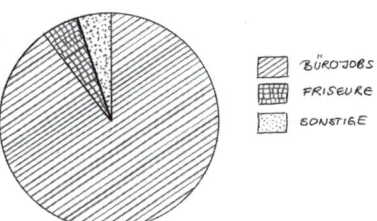

- BÜROJOBS
- FRISEURE
- SONSTIGE

Nun ist dies aber ja nicht das Allerschlechteste. Im Büro ist es im Winter warm. Es gibt eine Kaffeemaschine, an der man sich jederzeit mit Koffein, Klatsch und Tratsch versorgen kann. Ein paar Glückspilzen unter uns steht sogar eine Kantine zur Verfügung. Es gibt Kollegen, mit denen man die Mittagspause verbringen und sich ein intaktes soziales Umfeld herbeiträumen kann. Es gibt einen Computer, mit dem man bei *amazon* und *zalando* einkaufen und E-Mails an Freunde in anderen Büros schreiben kann. Und es gibt Zeit. Viel Zeit.

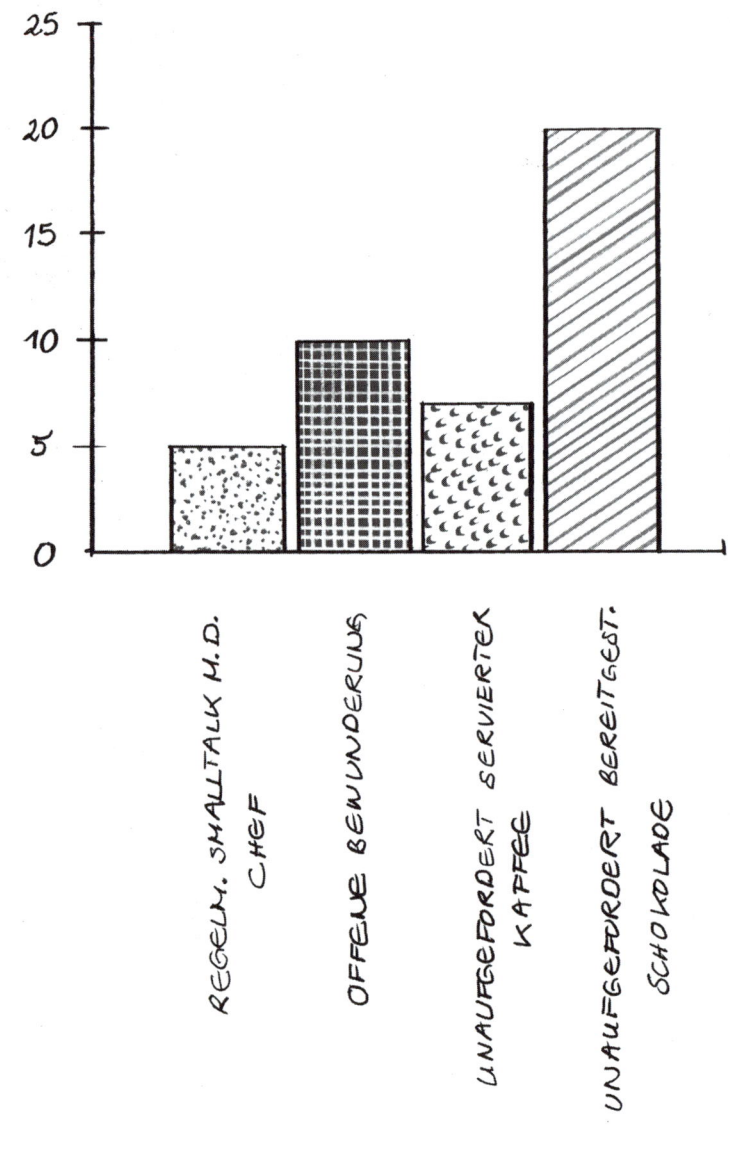

Gründe für Gehaltserhöhungen

25
20
15
10
5
0

REGELM. SMALLTALK M.D. CHEF

OFFENE BEWUNDERUNG

UNAUFGEFORDERT SERVIERTER KAFFEE

UNAUFGEFORDERT BEREITGEST. SCHOKOLADE

Natürlich gibt es im Büro auch ein paar Aufgaben, die uns gestellt werden. Aber seien wir mal ehrlich: Einige davon erinnern eher an therapeutische Beschäftigungsmaßnahmen unserer demenzkranken Tante als an Aufgaben, die unserer Ausbildung, unserer Kreativität und unseres Intellekts angemessen wären. Lange Testreihen anonymer Angestellter in zahllosen Unternehmen haben zudem bewiesen: Ob und, wenn ja, wie wir diese Aufgaben erledigen, steht in keinem signifikanten Zusammenhang mit unserem Gehalt oder unseren Aufstiegschancen.

Wozu sich also anstrengen? Wozu all die sinnlos totgeschlagene Zeit? Ach ja, richtig, da war noch die Sache mit der Miete und den Lebensmitteln und dem Feierabendbierchen ... Die müssen schließlich irgendwie finanziert werden. Eine regelmäßige Anwesenheit im Büro spart zu Hause Heizkosten und sorgt für einen komfortablen Verfügungsrahmen auf dem Girokonto. Sollten Sie also weder spontan ein Vermögen erben noch eine bahnbrechende Erfindung wie den iPod, den Tampon oder das Rad aus der Schublade hervorzaubern können oder über ausreichend kriminelle Energie für eine lukrative Missetat verfügen, bleibt Ihnen nur das Verharren im Büro. Diese Zwangsläufigkeit mag bei dem ein oder anderen zum Nährboden für destruktive Gedanken vergären: ein neues Passwort anlegen und so dem Schuhmann bei der nächsten Präsentation den Netzwerkzugang sabotieren, damit er gefälligst endlich grüßt! Innerhalb der ersten fünf Minuten im Meeting alle Kekse aufessen und den adipösen Holzmann für die nächsten zwei Stunden mit dem Anblick eines leeren Tellers foltern. Der Krauß einen Popel in den Tee flitschen, damit die nicht immer so arrogant kuckt. In die Kaffeemaschine pinkeln ...

Manche Gedanken sollten wohl besser nie das Reich der Fantasie verlassen. Ausgelebt mögen sie psychohygienisch höchst wirksam sein, führen aber zu schlechtem Karma und geben unter Umständen sogar Anlass, an Ihrer Integrität zu zweifeln – mit längerfristig bösen Folgen für Ihren Kontoverfügungsrahmen.

Wie also dem elenden Büro-Dilemma entkommen? Wie das fragile Gleichgewicht herstellen aus scheinbar harmlos angepasstem Angestelltendasein und geistiger Gesundheit?

Das Bastelbuch für alle, die sich im Büro langweilen liefert hierfür einen ernst zu nehmenden Lösungsansatz:

Lückenlose Anwesenheit + produktive kreative Tätigkeit + materielle Schädigung des Unternehmens = dauerhafte Zufriedenheit am Arbeitsplatz

Stellen Sie mit den eigenen Händen und fremdem Material hübsche und nützliche Dinge her! Entfalten Sie sich! Erlangen Sie ganz nebenbei und während der Arbeitszeit Ihre Gelassenheit wieder, indem Sie subtil Rache an Ihrem Arbeitgeber üben und das Unternehmen, das Sie nicht befördern will und Ihre Genialität ignoriert, schleichend, aber nachhaltig auf zweierlei Art schädigen: durch die Verschwendung Ihrer Arbeitszeit – und die von Büromaterial und anderem Firmeneigentum. Wer weiß: Der Funke mag sogar auf Ihre Kollegen überspringen und diese Stück für Stück entweder demoralisieren oder zu Kumpanen machen. Eines garantieren wir Ihnen: Ihr Büro wird nie wieder dasselbe sein.

1. Wahre Freunde

Kleiner Bürozoo »Stubenrein«

Wendehälse, Wadenbeißer, Esel, eitle Pfauen, blöde Kühe und Kollegenschweine – damit wäre die reale Büro-Fauna erschöpfend beschrieben. Wie gut würde uns indes ein treu ergebener vierbeiniger Begleiter am Arbeitsplatz tun! Jemand, der zu uns hält. Der sich ohne Kalkül an uns schmiegt. Der knurrt, spuckt, beißt oder tötet, wenn uns jemand Böses will. Oder der uns zumindest beim Mittagessen angenehme Gesellschaft leistet.

Der kleine Bürozoo »Stubenrein« schmutzt nicht, hilft gegen das Gefühl der Verlorenheit in einer irren Welt und zaubert eine idyllische Atmosphäre auf jeden Schreibtisch.

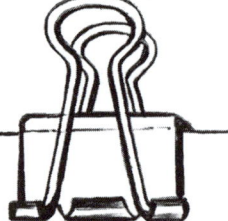

Schweinchen

Das brauchen Sie:

☞ 1 rosaroten Radiergummi
☞ 6 Rundkopfnadeln, mind. 2 davon
　　mit schwarzen Köpfen (für die Augen)
☞ 1 Büroklammer (aufgebogen)
☞ 1 Kuli oder anderen Stift für die Nase;
　　halbkreisförmige Papierschnipsel für die Ohren
☞ Cutter oder Messer

So geht's

Nadeln als Beinchen halb, als Augen bis zum Nadelkopf in den Radiergummi stecken. Für die Ohren mit dem Cutter oder dem Apfelschälmesser einer Kollegin obenauf kleine Schlitze in den Radiergummi schneiden und die Papierhalbkreise für die Ohren hineinstecken. Büroklammer aufbiegen, Draht um einen Stift wickeln, die so entstandene Spirale als Ringelschwänzchen einstecken. Nase aufmalen.

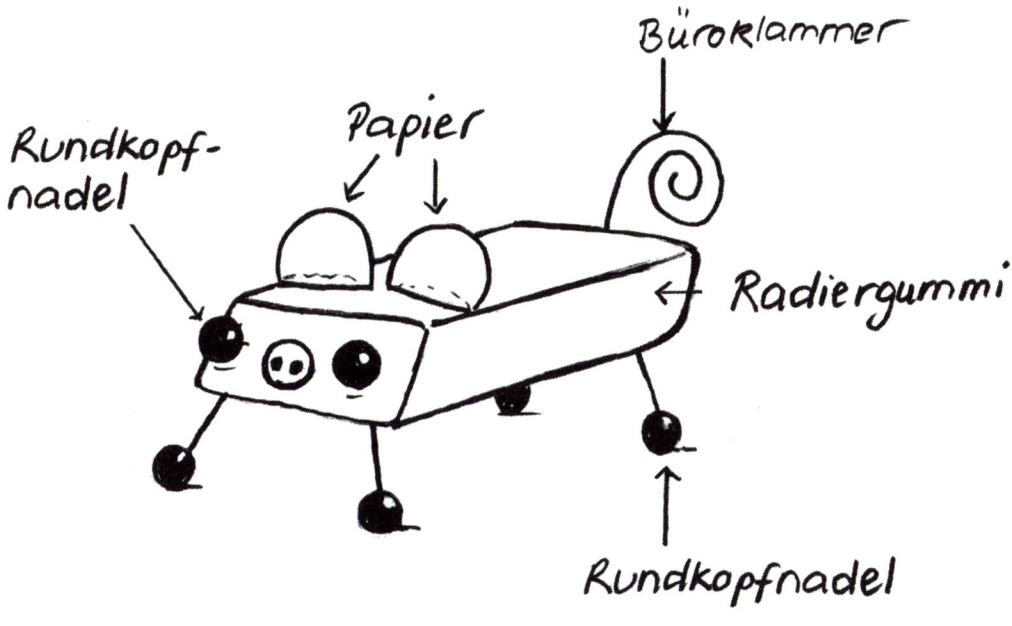

Rundkopf-
nadel

Papier

Büroklammer

Radiergummi

Rundkopfnadel

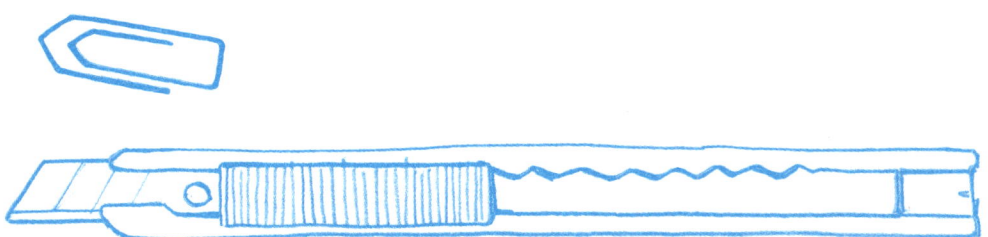

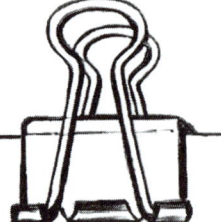

Tausendfüßler

Das brauchen Sie:

☞ mind. 2 Heftstreifen
☞ Musterbeutelklammern (außer für Tausendfüßler auch zum Verschließen von Versandtaschen geeignet)
☞ 1 Büroklammer
☞ 1 Folienstift
☞ Sekundenkleber

So geht's

Aus den Heftstreifen die beiden Doppellochungen ausschneiden, sodass mindestens vier kleine Rechtecke mit jeweils zwei Löchern entstehen. Je ein Loch von zwei verschiedenen Rechtecken mit einer Musterbeutelklammer verbinden. So wird der Tausendfüßler gelenkig. Die beiden Enden der Klammer leicht auseinanderbiegen, damit der Tausendfüßler Füße bekommt.

Mit Sekundenkleber die zu Fühlern gebogene Büroklammer aufkleben, Augen aufmalen.

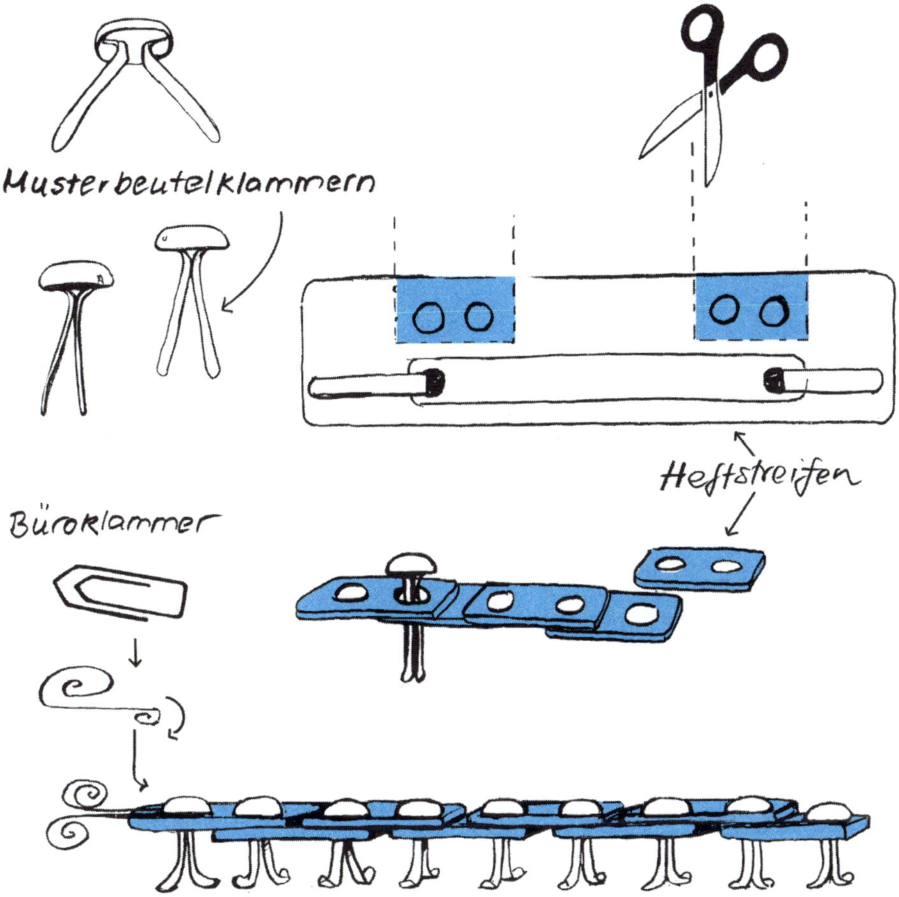

Musterbeutelklammern

Büroklammer

Heftstreifen

THINK BIG!

Ein Tausendfüßler heißt Tausendfüßler, weil … Na?
Weil er tausend Füße hat! Machen Sie es wahr und
verbrauchen Sie 500 Musterbeutelklammern, 250
Heftstreifen und mindestens acht Stunden kostbare Arbeitszeit.

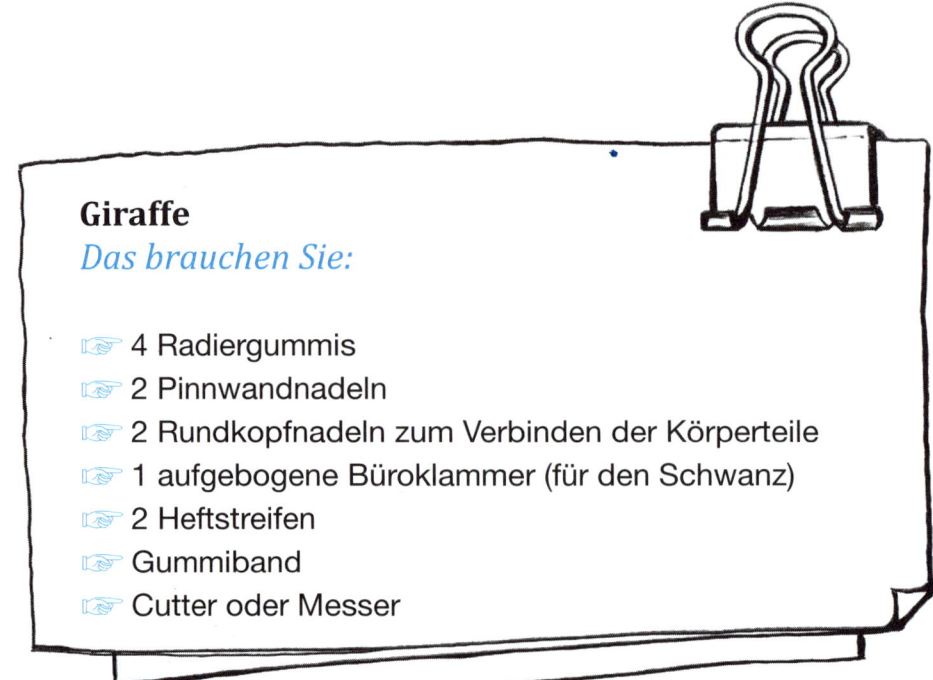

Giraffe

Das brauchen Sie:

☞ 4 Radiergummis
☞ 2 Pinnwandnadeln
☞ 2 Rundkopfnadeln zum Verbinden der Körperteile
☞ 1 aufgebogene Büroklammer (für den Schwanz)
☞ 2 Heftstreifen
☞ Gummiband
☞ Cutter oder Messer

So geht's

Zwei Radiergummis mit Gummiband umwickeln, sodass der Giraffenrumpf entsteht. Den dritten Radiergummi hochkant im rechten Winkel an einem Ende des Rumpfs mit einer Rundkopfnadel befestigen. Dann den vierten Radiergummi in der Mitte diagonal zerteilen, die eine Hälfte mit einer schräg eingesteckten Rundkopfnadel als zusätzliche Verlängerung hochkant am Hals befestigen. Danach die zweite Radiergummihälfte im 45°-Winkel mit den beiden Pins auf den Giraffenhals stecken.

Nun die Giraffe rücklings an Ihre Schreibtischkante legen. Die Metallbügel aus den Heftstreifen entfernen und jeweils in der Mitte knicken, sodass vier Beine entstehen. Für einen stabileren Halt

kleine Füßchen abknicken und die Beine durch die Gummibänder am Bauch der Giraffe stecken.

Für den Schwanz die Büroklammer aufbiegen und zwischen die Rumpf-Radiergummis stecken. Zum Schluss die Giraffe auf die Füße stellen und Augen aufmalen.

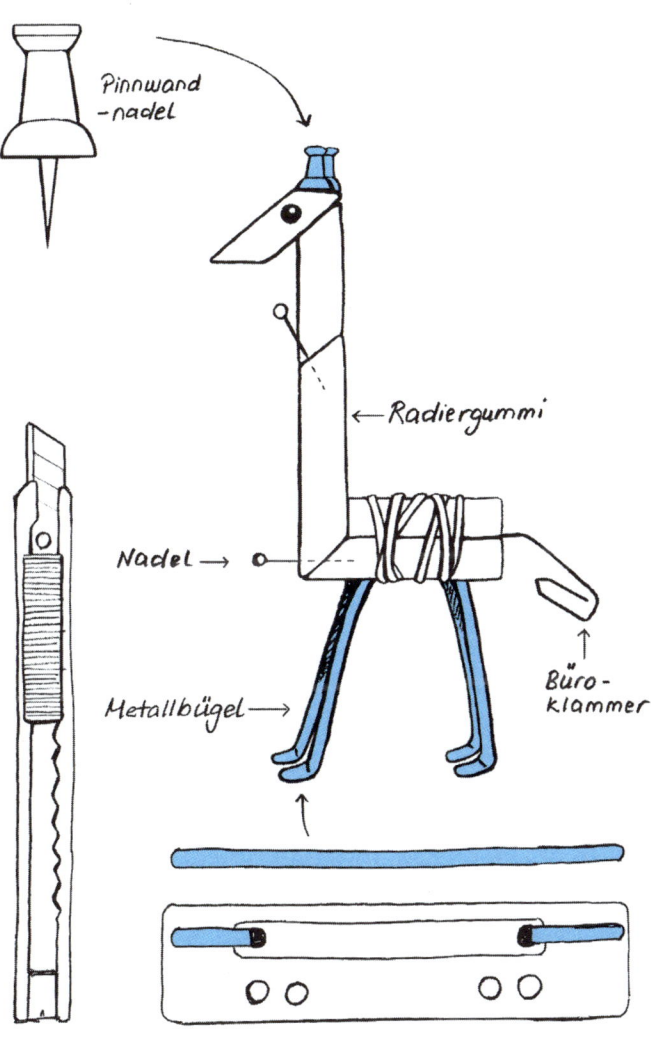

Krokodil

Das brauchen Sie:

☞ 1 langen und 1 kürzeren (oder halben) Radiergummi
☞ 2 grüne Rundkopfnadeln
☞ 2 Rundkopf- oder Stecknadeln
☞ 4–7 Markierfähnchen
(evtl. in der Vertriebsabteilung nachfragen)
☞ 2 Foldback-Klammern
☞ Cutter

So geht's

Den kürzeren Radiergummi längs gezackt durchschneiden und auf diese Weise die spitzen Zähne im Ober- und Unterkiefer des Krokodils gestalten. Die beiden Kiefer an dem zweiten, hochkant aufgestellten Radiergummi mit zwei grünen Rundkopfnadeln befestigen, indem man sie schräg durch die Krokodilkörperteile steckt. Einen der schräg abgeschnittenen Radiergummiteile als Schwanz an die hintere Seite des Rumpf-Radiergummis kleben. Die Markierfähnchen mit den Zacken schräg in den Rücken stecken. Von unten die Foldback-Klammern als Füße anklemmen.

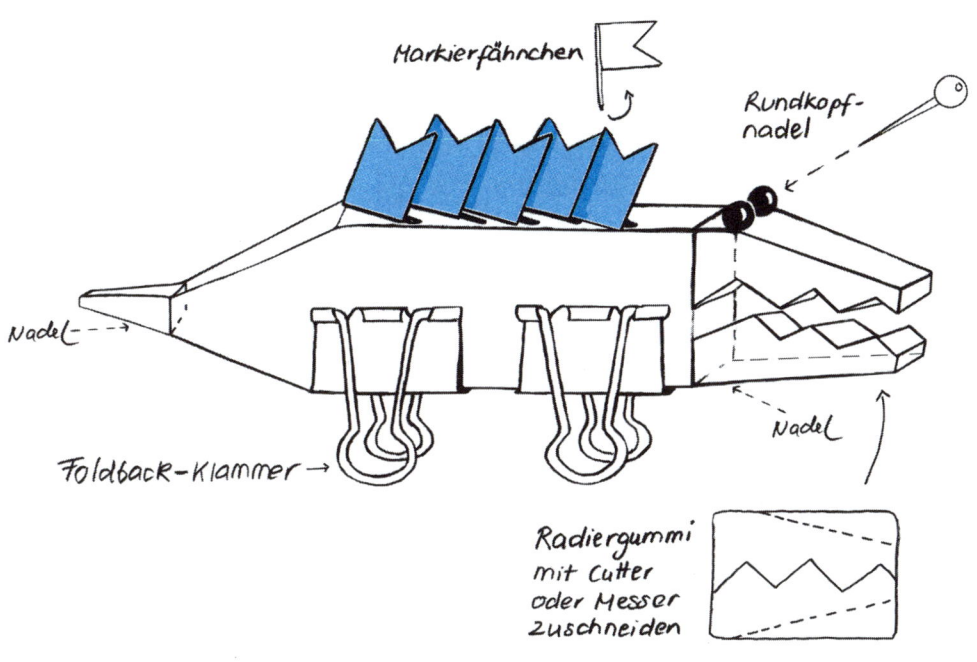

Markierfähnchen

Rundkopf-
nadel

Nadel

Foldback-Klammer →

Nadel

Radiergummi
mit Cutter
oder Messer
zuschneiden

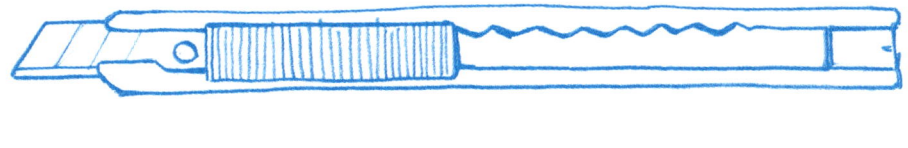

Das sagt der Coach

Tiere sind die besseren Menschen – das wissen wir nicht erst seit Lassie, Flipper und dem weißen Hai. Üben Sie mit Ihren neuen vier- und mehrbeinigen Freunden behutsam die gesunde Interaktion mit anderen Lebewesen und tasten Sie sich so Schritt für Schritt wieder zurück ins normale Leben. Sie werden sehen, es ist gar nicht schwer!

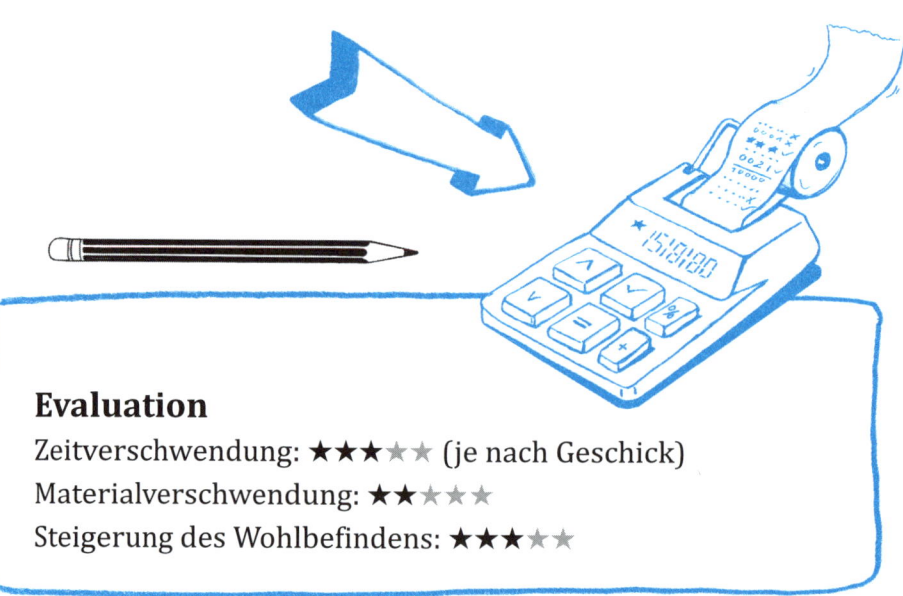

Evaluation

Zeitverschwendung: ★★★★★ (je nach Geschick)

Materialverschwendung: ★★★★★

Steigerung des Wohlbefindens: ★★★★★

2. Seid ungehorsam und wehret euch!

Wand- und Körpertattoos »Böser Bube«

Sind wir nicht alle ein bisschen Momo? Bedroht von dienstbeflissenen Herren in einförmig grauen Anzügen? Man kann den einen kaum vom anderen unterscheiden. Und entsprechend sehen ihre uniformen Büros aus: eine farblose Mischung aus Grau-, Beige- und Brauntönen, ausschließlich mit jenem preisgünstigen Inventar bestückt, das ihr Unternehmen zur Verfügung stellt. Das System lässt keine Individualität zu und verlangt nach bedingungsloser Angepasstheit, so meinen die Kollegen.

Doch sie irren sich! Bürostrukturen sind flexibler, als Sie denken. Es ist ganz einfach – Sie müssen sich nur trauen.

Als ersten Schritt in Richtung Autonomie empfehlen wir unsere Tattoos »Böser Bube«. Sie können sowohl den Körper als auch die faden Wände Ihres Büros schmücken. Sie mögen Ihnen auf den ersten Blick vielleicht ein wenig gewagt erscheinen, doch bitte vertrauen Sie uns: Ihr erster Zug MUSS ein gewisses Maß an Aufsässigkeit aufweisen, damit Sie sich genügend Respekt für die Zukunft verschaffen. Nur so wird man Sie fortan in Frieden Ihre Individualität ausleben lassen. Oder glauben Sie, Momo hätte die Menschen allein durch ihre Kulleraugen retten können? Auch sie musste großen Mut beweisen, musste sich in das große unterirdische Lager der grauen Herren – in die Höhle des Löwen – vorwagen, um dort die Stunden-Blumen zu verschließen.

Viva la Revolución!

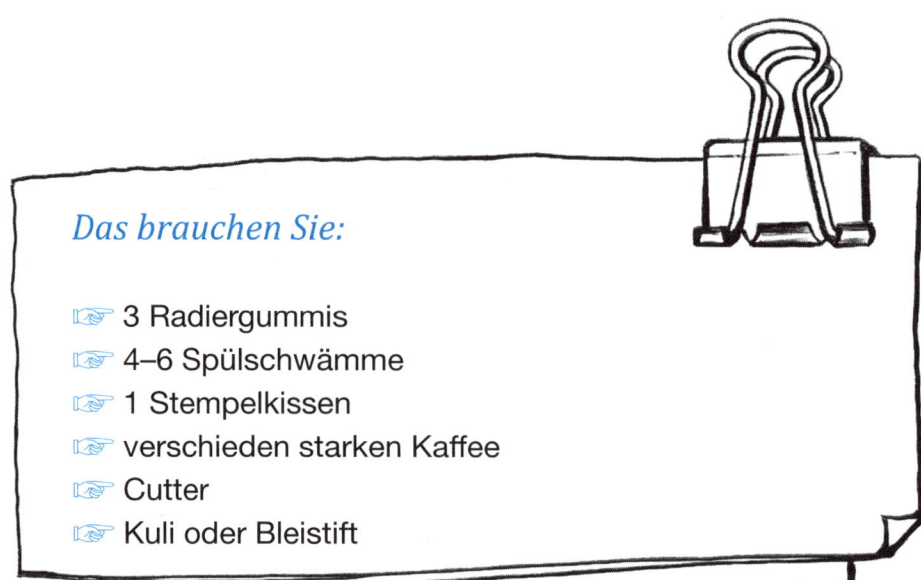

Das brauchen Sie:

- ☞ 3 Radiergummis
- ☞ 4–6 Spülschwämme
- ☞ 1 Stempelkissen
- ☞ verschieden starken Kaffee
- ☞ Cutter
- ☞ Kuli oder Bleistift

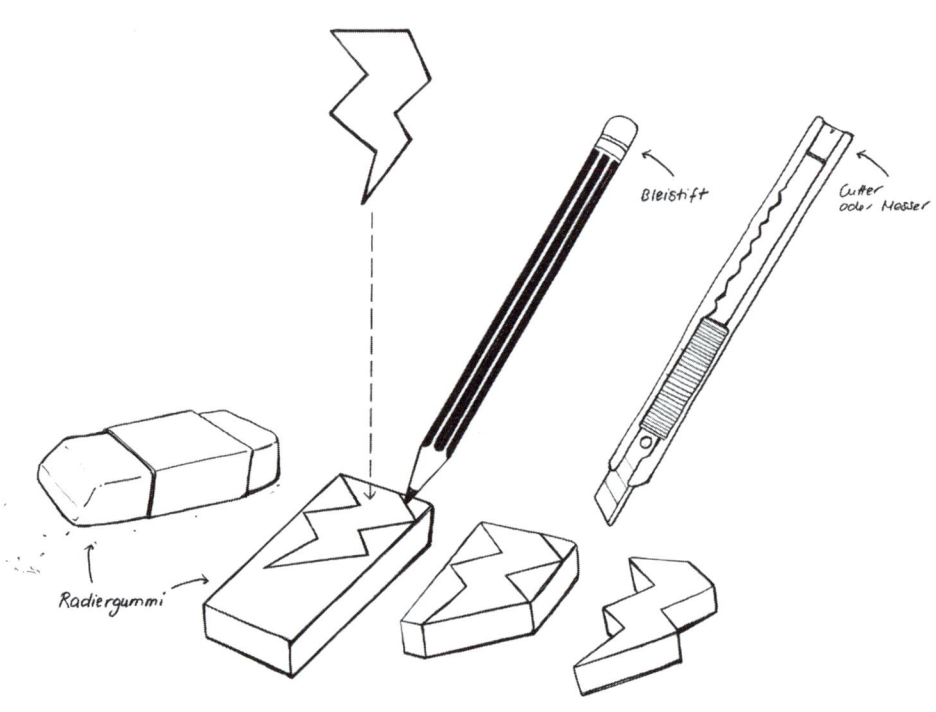

Blitz: Motiv wie abgebildet mit Kuli oder Bleistift auf einen Radiergummi vorzeichnen und anschließend mit dem Cutter herausschnitzen. **Bombe:** Motiv wie abgebildet auf zwei Radiergummis verteilen und herausschnitzen.

Achtung: Motive spiegelverkehrt aufbringen!

Camouflage: Hierfür Spülschwämme verwenden und organisch ineinander verwoben anbringen. Besonders geeignet für den großflächigen Einsatz.

Als Farbe entweder ein Stempelkissen oder unterschiedlich starken Kaffee verwenden (v. a. für das Camouflage-Muster). Je nach Laune die Tattoos auf die Wände, den Schreibtisch, am Körper oder andernorts aufbringen.

Unsere Tattoos haben noch einen weiteren Nutzen – Stichwort »Camouflage« ... Wählen Sie Ihre Bürokleidung in der Farbe Ihrer Bürowand und verteilen Sie darauf unzählige Tattoos. Verteilen Sie in ähnlicher Weise Tattoos auf einer Ihrer Wände, pressen Sie sich so nah wie möglich an ebendiese und verwandeln Sie sich in den »Unsichtbaren Mitarbeiter«. Wer will Sie jetzt noch finden, wenn die nächste Jahresinventur droht?

Das sagt der Coach

Nichts ist schlimmer für den menschlichen Organismus als Angepasstheit um jeden Preis. Manche Ihrer Impulse müssen ausgelebt werden, sonst drohen Sie zu ersticken! Wie viel negative Energie setzt es frei, wenn Ihr Chef eine PowerPoint-Präsentation verlangt, Sie aber lieber an den Badesee möchten und nur ihm zuliebe trotzdem im Büro bleiben? Versuchen Sie, die Grenzen Ihren Bedürfnissen entsprechend zu versetzen, und Sie werden sehen, wie gut das tut. Mehr noch: Sie werden feststellen, dass die meisten Grenzen ohnehin nur in unseren Köpfen existieren.

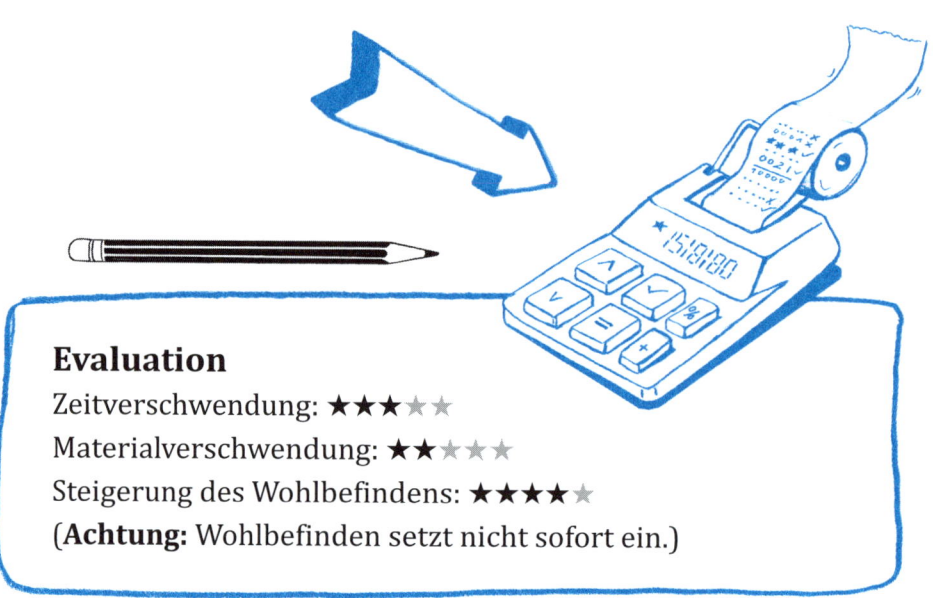

Evaluation

Zeitverschwendung: ★★★☆☆

Materialverschwendung: ★★☆☆☆

Steigerung des Wohlbefindens: ★★★★☆

(**Achtung:** Wohlbefinden setzt nicht sofort ein.)

3. »Und meine Seele spannte weit ihre Flügel aus ...«

Transportabler Zengarten »Buddhas Krönung«

»... flog durch die stillen Lande, als flöge sie nach Haus.« Aller Wahrscheinlichkeit nach stand bereits im Jahr 1835 eine Frühform des Mini-Zengartens »Buddhas Krönung« auf Joseph von Eichendorffs Schreibtisch. Wie sonst hätte er den Geisteszustand erreichen können, der ihn in die Lage versetzte, Gedichte wie *Mondnacht* zu schreiben? Unglaublich, aber wahr: Dieses beneidenswerte innere Strahlen können auch Sie nun mithilfe des Zengartens »Buddhas Krönung« erlangen – und zwar nicht nur am eigenen Schreibtisch, sondern dank der Transportfähigkeit des Gartens sogar bei nervenzermürbenden Meetings im Sitzungsraum! Konzentrieren Sie sich einfach nur auf die Linien, die Sie – eine um die andere – in Ihren aromatisch duftenden Zengarten harken. Wie bei dem Meeting, dem Sie beiwohnen, sollte auch bei den geharkten Linien weder Anfang noch Ende erkennbar sein. Wie in dem Meeting, dem Sie beiwohnen, ist Ihr Handeln völlig zweckfrei. Es hat kein Ziel, es liefert keine Antworten, keine Lösungen, es ist einfach nur da ...

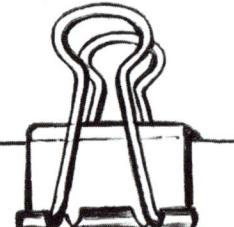

Das brauchen Sie:

☞ 1 Schreibtischablagekasten
☞ 1 Stück Karton in Breite und Höhe der Schreibtischablage
☞ mind. 1 Paket Kaffee (gemahlen)
☞ 2 Plastikgabeln
☞ 1 Lineal (30 cm)
☞ Klebeband
☞ Tipp-Ex-Flasche, Textmarker, Teelicht oder andere dekorative Gegenstände zum Umharken

So geht's

Die offene Seite der Ablage mithilfe von Kartonstreifen und Klebeband verschließen. Den Kaffee in die Ablage leeren. Dekorative Gegenstände wohldurchdacht platzieren. Plastikgabeln mit Klebeband am Lineal befestigen. Harken. Und harken. Und harken ...

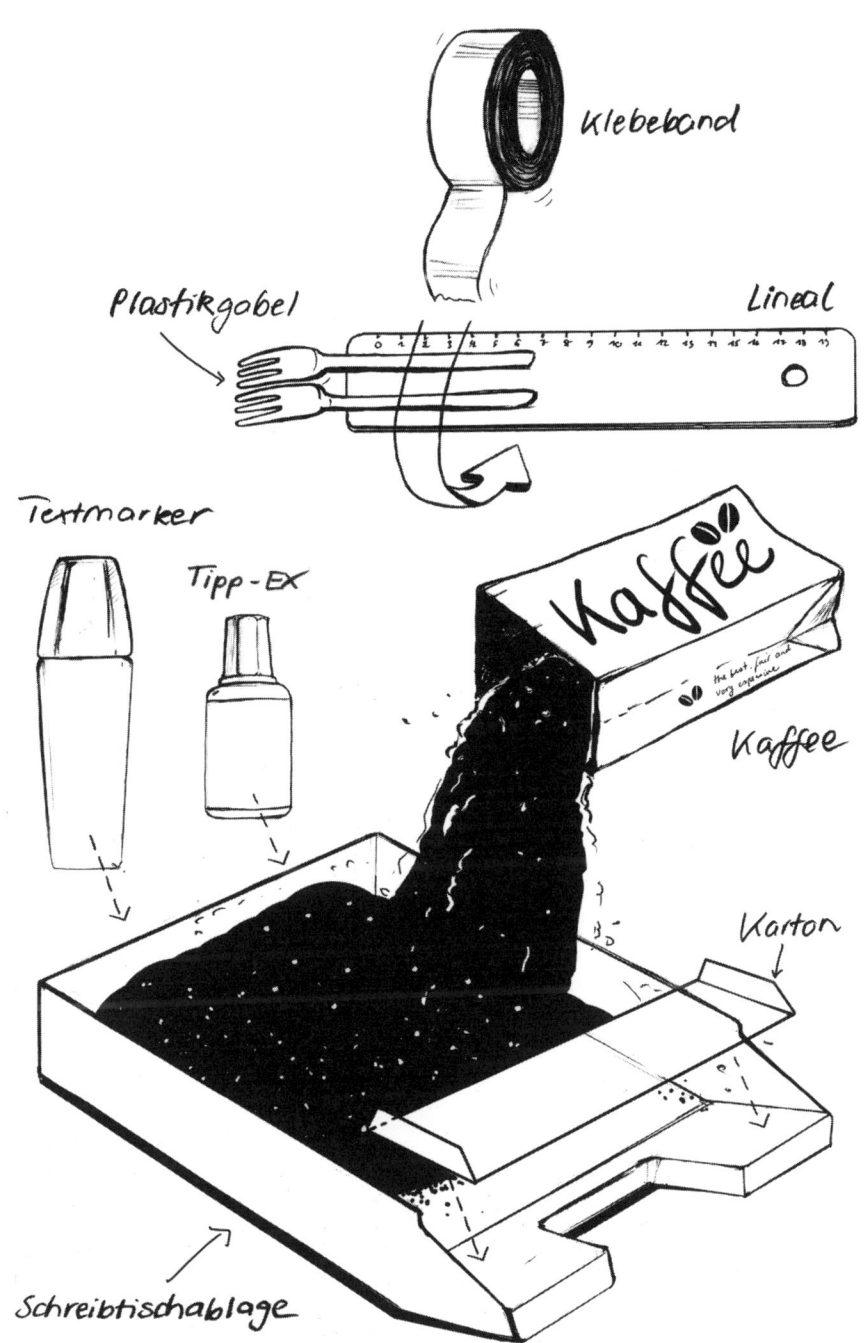

Klebeband

Plastikgabel

Lineal

Textmarker

Tipp - EX

Kaffee

Kaffee

Karton

Schreibtischablage

Schreibtischablagekästen lassen sich wunderbar stapeln. Bauen Sie sich einen mehrstöckigen Zengarten und füllen Sie die Fächer mit verschiedenen Materialien, die Ihren Geist durch unterschiedliche Körnungen und Geruchsimpulse stimulieren: Zucker, Salz, Scheuerpulver, entleerter Toner ... (Letzterer gibt wegen der hohen Kosten einen Extra-Punkt vom Evaluationskomitee.) Entscheiden Sie jeden Tag neu, welche Komposition ins obere Stockwerk und unter Ihre Harke soll.

Wer noch gewaltigere Sinneseindrücke vermitteln möchte, baue die Twin-Towers als Zengarten-Statuen nach und stelle sie am 11. September als Mahnmal im Sitzungsraum auf. Die Bewunderung Ihrer Kollegen angesichts dieses stummen Zeugnisses Ihrer Anteilnahme wird Ihnen sicher sein.

Das sagt der Coach

In der Bürowelt wird vorausgesetzt, dass alles stets einen
erkennbaren Sinn, ein vernünftiges Ziel hat. Gewinn-
maximierung wird wie selbstverständlich als übergeordne-
tes Motiv angenommen – obgleich Sinn und Zweck der Chose
oft einfach nur diese sind: Hier ist es warm, ich habe einen
Stuhl unterm Hintern und irgendwas zu tun. Wie immer und
überall entsteht durch die Diskrepanz von Anspruch und
Wirklichkeit auch hier ein Konflikt. Und wie immer
und überall lautet auch hier die Lösung: Tschüss,
Anspruch! Hallo, Wirklichkeit!
Seien Sie sich selbst genug und übertragen Sie das
Prinzip des Zengartens auf Ihre gesamte Büroexistenz:
Lieber ziellos harken als zielstrebig ackern!

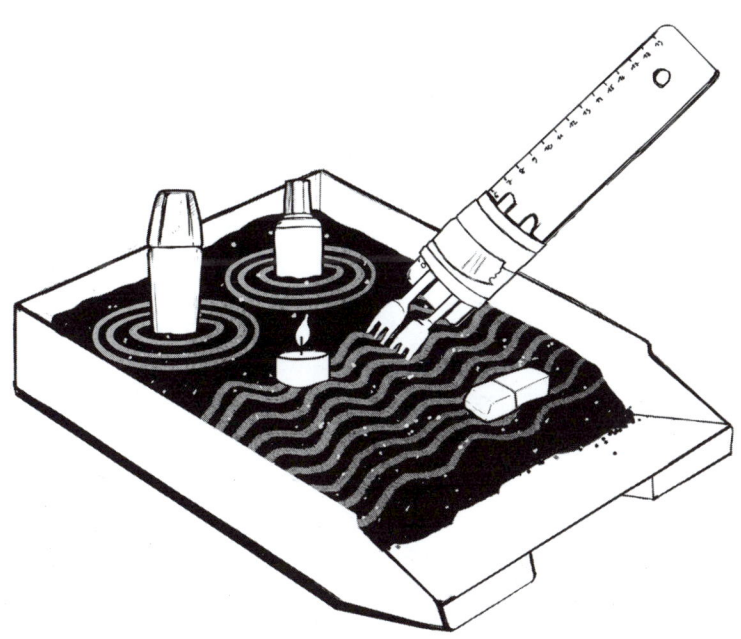

Evaluation

Zeitverschwendung: ★★☆☆☆

Materialverschwendung: ★★★☆☆

Steigerung des Wohlbefindens: ★★★★★

4. Abwarten und Tee trinken (ohne dass der Tee kalt wird)

Tassenwärmer »Christo und Jeanne-Claude«

Nirgends auf der Welt werden so viele Heißgetränke konsumiert wie im Büro. Das Büro ist eins der letzten Refugien des guten alten Filterkaffees und das inoffizielle Testgelände für die heilsversprechenden Kreationen der Kräutertee-Kreativwirtschaft: Welcher Büromensch kann schon widerstehen, wenn ihm »Gute Laune«, »Inselglück«, »Karibikzauber« oder gar »Heiße Liebe« offeriert wird?

Leider können nur die wenigsten dieser tief greifenden Problemlöser ihre Wirkung tatsächlich entfalten. Denn aus dem Heißgetränk wird allzu schnell ein Lauwarmgetränk. Kaum aufgebrüht, kommt ein Anruf, eine spontane Besprechung, ein wichtiger Gang zum Kopierer oder die Mittagspause dazwischen, und – schwupps – schon dampft sie nicht mehr, die eben noch Heiße Liebe. Allein gelassen und vergessen erkaltet sie unter dem grellen Neonlicht zu einer schalen, bitteren Plörre, und der Büromensch entsorgt sie kurz vor Feierabend seufzend im Büroküchenausguss. Ade, du gutes Heißgetränk. Na ja, morgen ist schließlich ein neuer Tag, und dann klappt es vielleicht mit der Guten Laune oder dem Inselglück oder dem von Jacobs gekrönten Moment voller Aroma und Genuss.

Die traurige Wahrheit: Es wird morgen wieder nicht klappen. Doch es gibt eine Lösung: den schicken DIY-Tassenwärmer »Christo und Jeanne Claude«.

Das brauchen Sie:

☞ 2 Streifen Löschfilz von Wandtafelwischern
☞ Paketschnur
☞ Locher oder Cutter

So geht's

Jeweils eins der beiden äußeren Filzenden lochen oder mit dem Cutter entsprechend bearbeiten. Dann die zwei Enden mit der Paketschnur wie auf der Zeichnung (oder in einem anderen aparten Muster) miteinander verbinden. Um die Tasse legen, ggf. Länge justieren. Anschließend die beiden freien Enden lochen und ebenfalls mit Paketschnur verbinden. Prost!

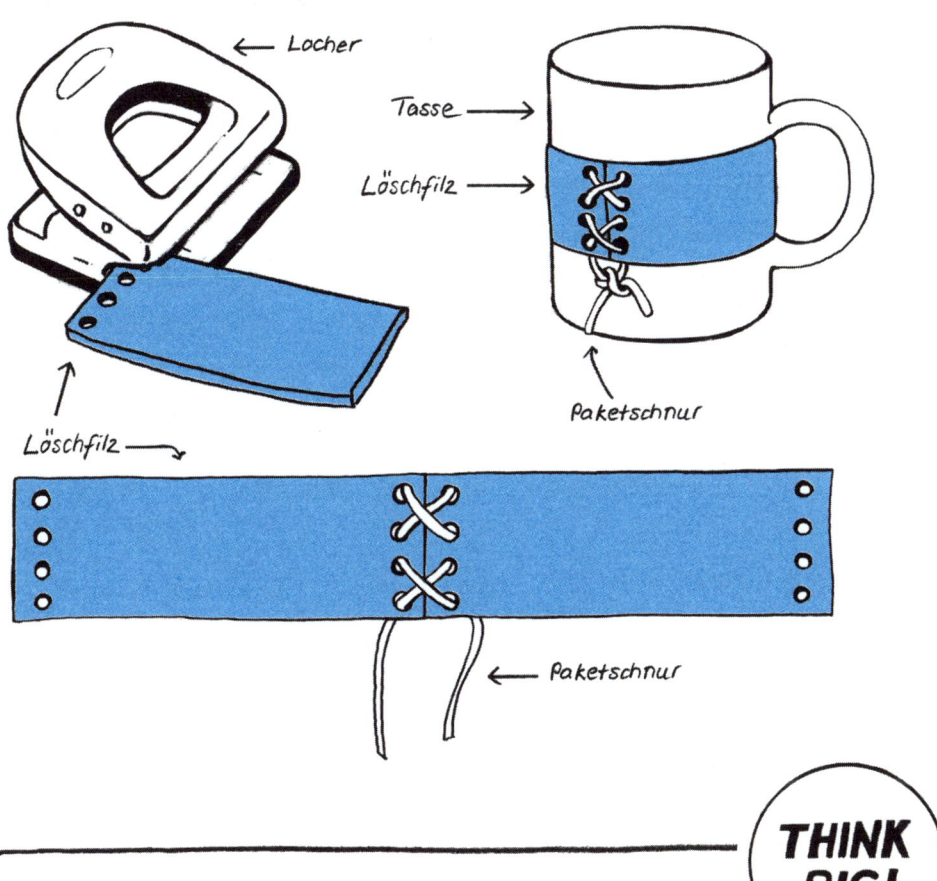

Locker ←

Tasse →

Löschfilz →

Paketschnur

↑ Löschfilz

Löschfilz →

← Paketschnur

THINK BIG!

Unser Tipp für die kalte Jahreszeit: Basteln Sie
nach dem gleichen Prinzip eine ganze »Christo
und Jeanne-Claude«-Kollektion aus Stulpen, Puls-
und Nierenwärmern! So kommt das Blut in harmonisch warme
Wallung, und vielleicht erledigt sich das mit der Heißen Liebe,
dem Karibikzauber oder der Guten Laune auch ganz ohne
Kräuterdoping.

Das sagt der Coach

Zubereitung und Verzehr eines Heißgetränks stellen eine Art »Sich etwas Gutes tun«-Ritual dar. Ein auf dem Schreibtisch erkaltetes Getränk hingegen wird von unserem Unterbewusstsein als Symbol für den gescheiterten Versuch interpretiert, die eigenen Bedürfnisse im Büroalltag nicht allzu kurz kommen zu lassen. Vor allem sensiblen Gemütern kann eine kalte, nur halb ausgetrunkene Tasse Kaffee oder Tee vor Augen führen, wie wenig wichtig man sie und ihre Bedürfnisse im Arbeitsalltag nimmt. Beugen Sie diesem destruktiven Erlebnis vor! Sorgen Sie dafür, dass Ihre Getränke immer warm bleiben.

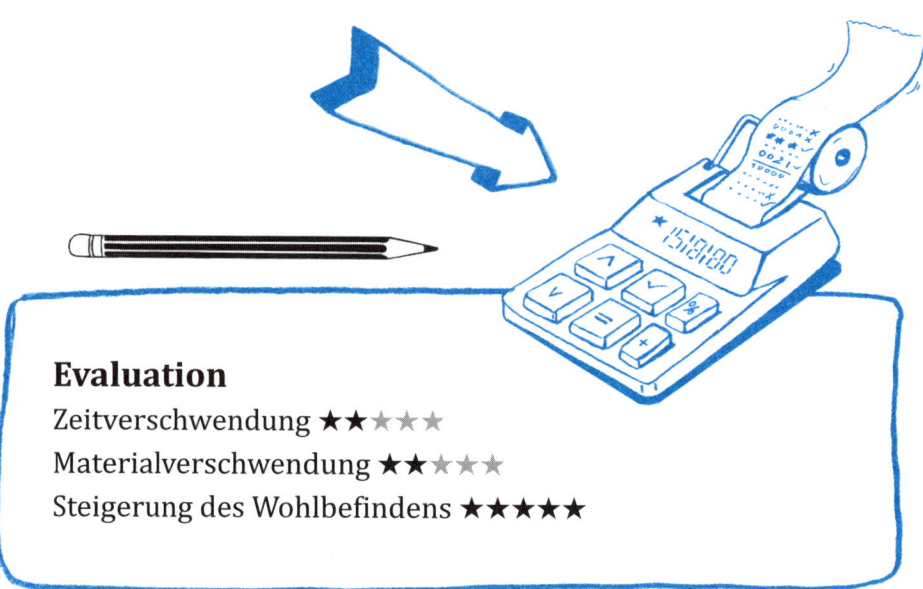

Evaluation
Zeitverschwendung ★★☆☆☆
Materialverschwendung ★★☆☆☆
Steigerung des Wohlbefindens ★★★★★

5. Trend-Tuning fürs Büro

Armbänder »Am Puls der Zeit«

Ihre Kollegen kaufen am liebsten bei Kik, Tchibo und Deichmann ein? Zumindest sehen sie so aus. Sie greifen wahllos ins Kaufhausregal, zerren das Nächstbeste vom Wühltisch und kombinieren ihre Beute ohne Sinn und Verstand und Stilgefühl – Hauptsache, der Preis stimmt. Hauptsache, es war günstig. Qualität, Passform, Aktualität oder gar Chic kümmern sie nicht. Ach, und selbst bei denjenigen wenigen, die sich gerne mal was »hübsches Hochwertiges« leisten und dafür tiefer in die Tasche greifen, herrscht finsterste, allerfinsterste Geschmacklosigkeit.

Herrgott, kann es denn so schwierig sein? Selbst die *Brigitte* wartet mit halbwegs aparten Modestrecken auf! Hier hilft nur eins: Gehen Sie mit gutem Beispiel voran! Zeigen Sie Ihren Kollegen, wo der Hammer in Sachen Mode hängt. Hier zwei exklusive Armband-Schnitte, mit denen Sie neue Trendmaßstäbe setzen können.

Nietenarmband
Das brauchen Sie:

☞ silbernes Gafferband
☞ goldene Musterbeutelklammern

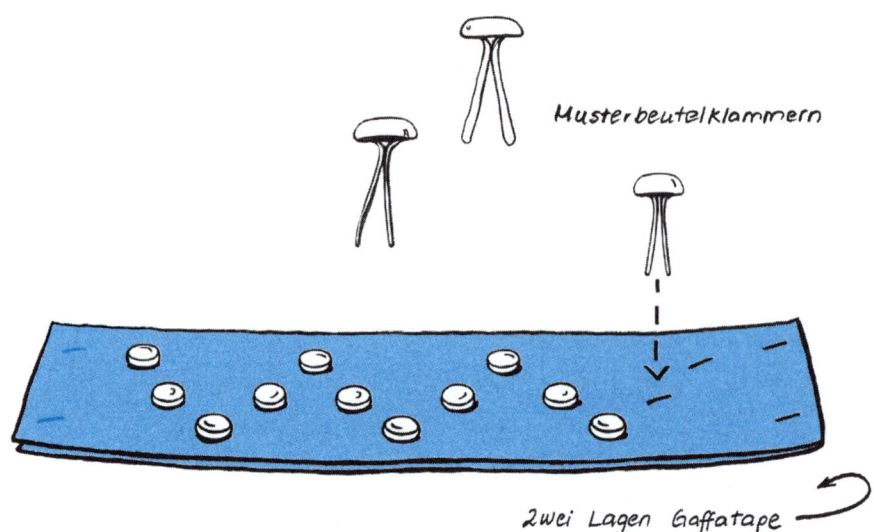

Musterbeutelklammern

Zwei Lagen Gaffatape

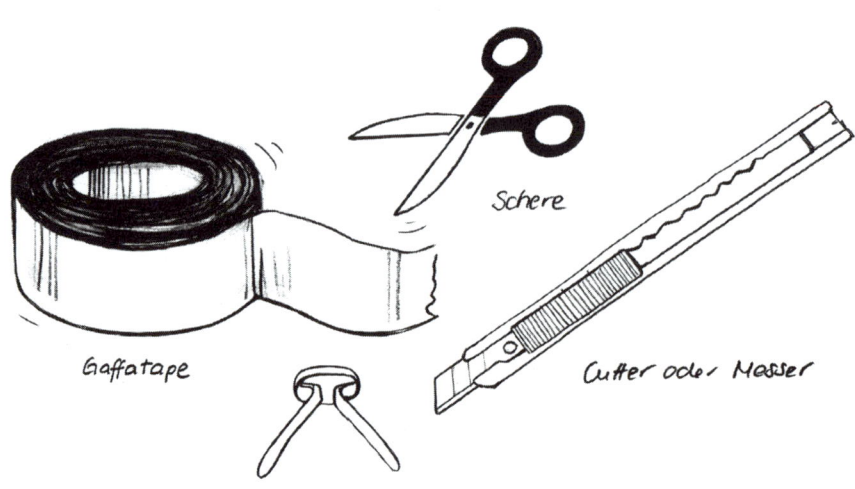

Schere

Gaffatape

Musterbeutelklammer

Cutter oder Messer

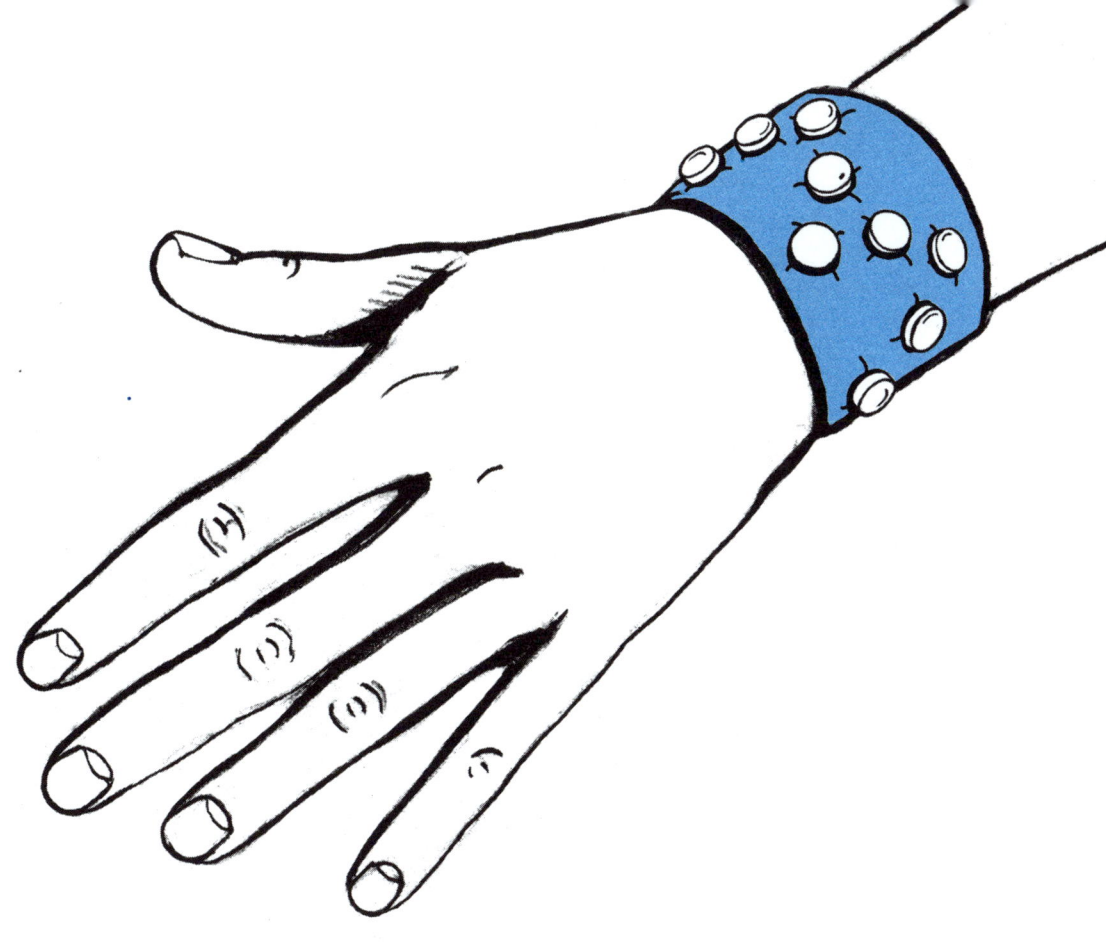

So geht's ⬅ – – – – – – – – – – – – –

Zwei Lagen Gafferband mit der silbernen Seite nach außen aufeinanderkleben, um Ihr Handgelenk legen und entsprechend kürzen. (Achtung: Die untere Seite ein Stückchen länger lassen!) Den Streifen Gafferband anschließend auf den Tisch legen und mit Musterbeutelklammern bestücken. Nun wieder um den Arm binden, das längere, klebrige Ende unter das kürzere Ende schieben und fest andrücken, damit es hält.

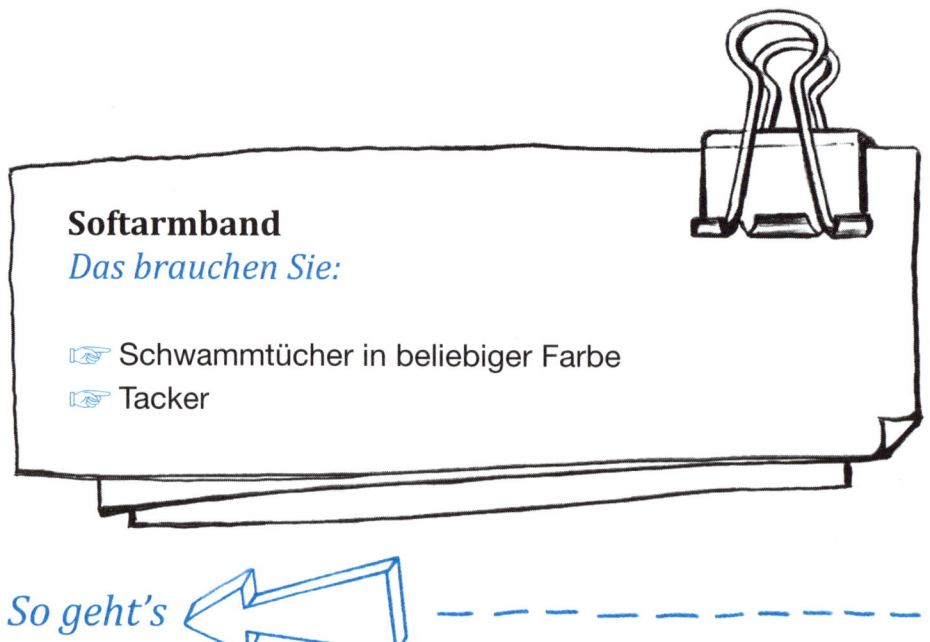

Softarmband
Das brauchen Sie:

☞ Schwammtücher in beliebiger Farbe
☞ Tacker

So geht's

Einen beliebig breiten Streifen Schwammtuch zurechtschneiden, ums Handgelenk wickeln und ggf. kürzen. (Achtung: Da die Enden zusammengetackert werden, für die gewünschte Länge bitte ca. 1 cm Tacker-Zugabe berücksichtigen.) Den Schwammtuchstreifen auf den Tisch legen und an den Rändern mit einer Tackerborte verzieren. Ums Handgelenk wickeln und zusammentackern.

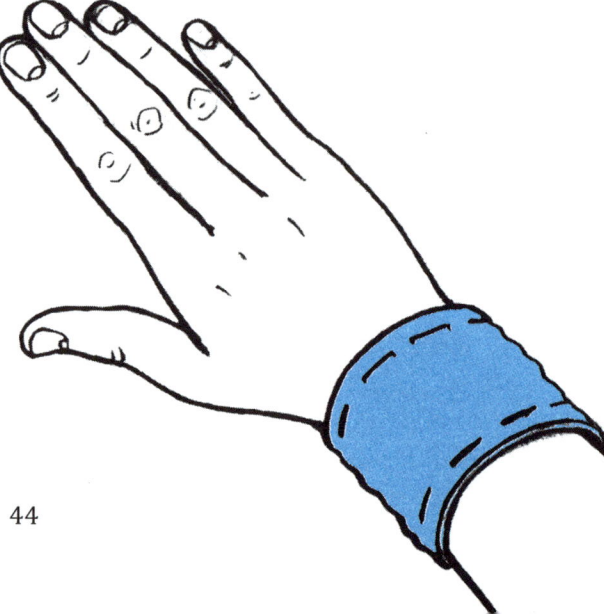

Warum sich auf Armbänder beschränken? Entwerfen Sie eine ganze Kollektion – zum Beispiel einen wunderbar trendigen Kettenanhänger aus einem Schwammtuchdreieck, bestückt mit einem kleineren Dreieck aus Gafferband, obendrein verziert mit zwei Musterbeutelklammern. Ganz leicht lassen sich außerdem Ringe basteln. Gehen Sie hierbei vor, als würden Sie ein Armband fertigen wollen – nur in Klein und Fein.

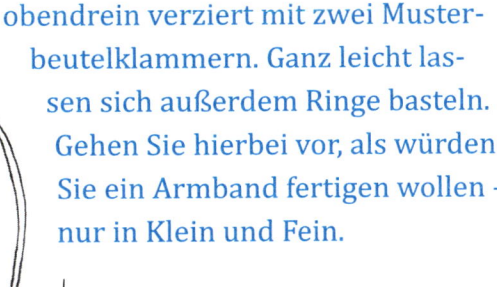

Schwammtuch

Ring

Musterbeutelklammer

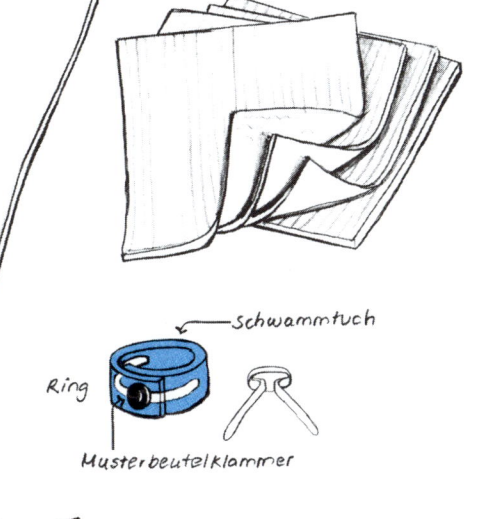

Kettenanhänger

Gaffatape

Schwammtuch - Dreieck

Das sagt der Coach

Sklavisch befolgte Büro-Dresscodes und die damit zwangs-
läufig einhergehende Tristesse spiegeln sich leider allzu
oft in der konformistischen Kleidung der Kollegen wider –
was den in Büros vorherrschenden Alltags-Blues wiederum
nur verstärkt. So etabliert sich schnell ein veritabler Teufels-
kreis. Wenn sich doch jeder nur ein kleines bisschen Mühe
geben würde! Setzen Sie Ihr Wissen aus den Frauenzeit-
schriften ein! Lassen Sie sich notfalls von einer geschmacks-
sicheren Freundin oder dem Frisör Ihres Vertrauens
beraten! Hegen und pflegen Sie Ihr Äußeres – Sie hätscheln
damit nicht zuletzt auch Ihr geschundenes Inneres. Gehen
Sie mit der Zeit und sorgen Sie für regelmäßige wohltuende
Veränderung – häuten Sie sich dann und wann wie eine
vielfarbig schillernde exotische Echse.

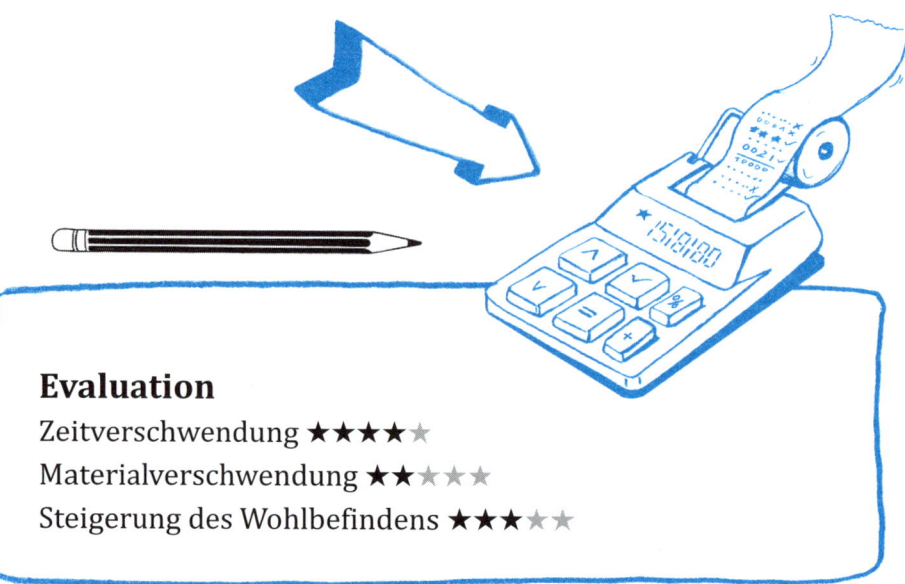

Evaluation
Zeitverschwendung ★★★★☆
Materialverschwendung ★★☆☆☆
Steigerung des Wohlbefindens ★★★☆☆

6. Kaffeepause bei Tiffany

Hollywoodverdächtige Halskette »Koralle«

Es ist Februar. Es ist grau. Seit Monaten schon. Weihnachten ist vorüber, Silvester ebenfalls, und Ihr Geburtstag und der Urlaub im sonnigen Süden sind noch Jahrmilliarden entfernt. Ihre Klamotten tragen Sie bereits, seit im Oktober die erste Kaltfront Ihre Stadt erreicht und beschlossen hat zu bleiben. Sie können sie nicht mehr sehen, diese dicken Kratzpullis und jenes schwarze Wollkleid, an dem sich schon seit November hässliche Knötchen bilden. Und überhaupt: Das Leben ist grau und traurig, ohne die winzigste Spur von Glamour, Esprit und großen Gefühlen. Seufz. Megaseufz. Sie betrachten den leeren Coffee-to-go-Becher auf Ihrem Schreibtisch und erinnern sich an den alten Schwarz-Weiß-Film, den Sie sich gestern genehmigt haben. Als Gegengift für all die Tabellenkalkulationen, die Ihr Herz tagsüber lähmen. Audrey Hepburn in New York. Mit einem Pappbecher in der Hand und einer dicken Perlenkette über einem langen schwarzen Kleid vor dem Schaufenster von Tiffany & Co. Das wollen Sie auch: eine unmögliche Liebe. Männer in Trenchcoats. Schlanke Oberarme. Gelbe Taxis, in denen man rauchen darf. Eine elegante Hochsteckfrisur und … eine extravagante, üppige Kette! Na, sagen Sie's doch gleich! Ihnen kann geholfen werden. Hier ist die Anleitung.

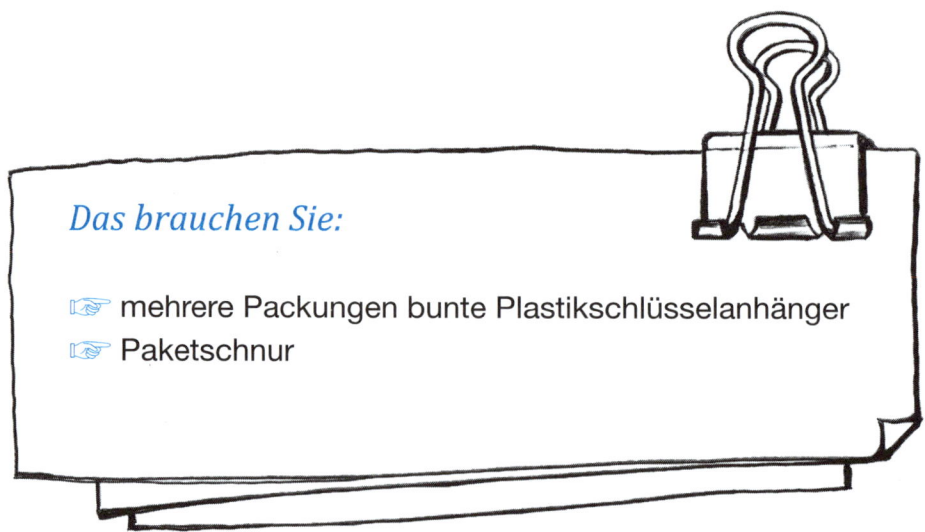

Das brauchen Sie:

☞ mehrere Packungen bunte Plastikschlüsselanhänger
☞ Paketschnur

So geht's

Die Ringe von den Anhängern fieseln und die bunten Plastikteile nacheinander auf Paketschnur auffädeln – entweder nur ein Stück breit oder komplett rundherum wie bei einer schicken Korallenkette. Die beiden Enden der Paketschnur verknoten, Kette umhängen.

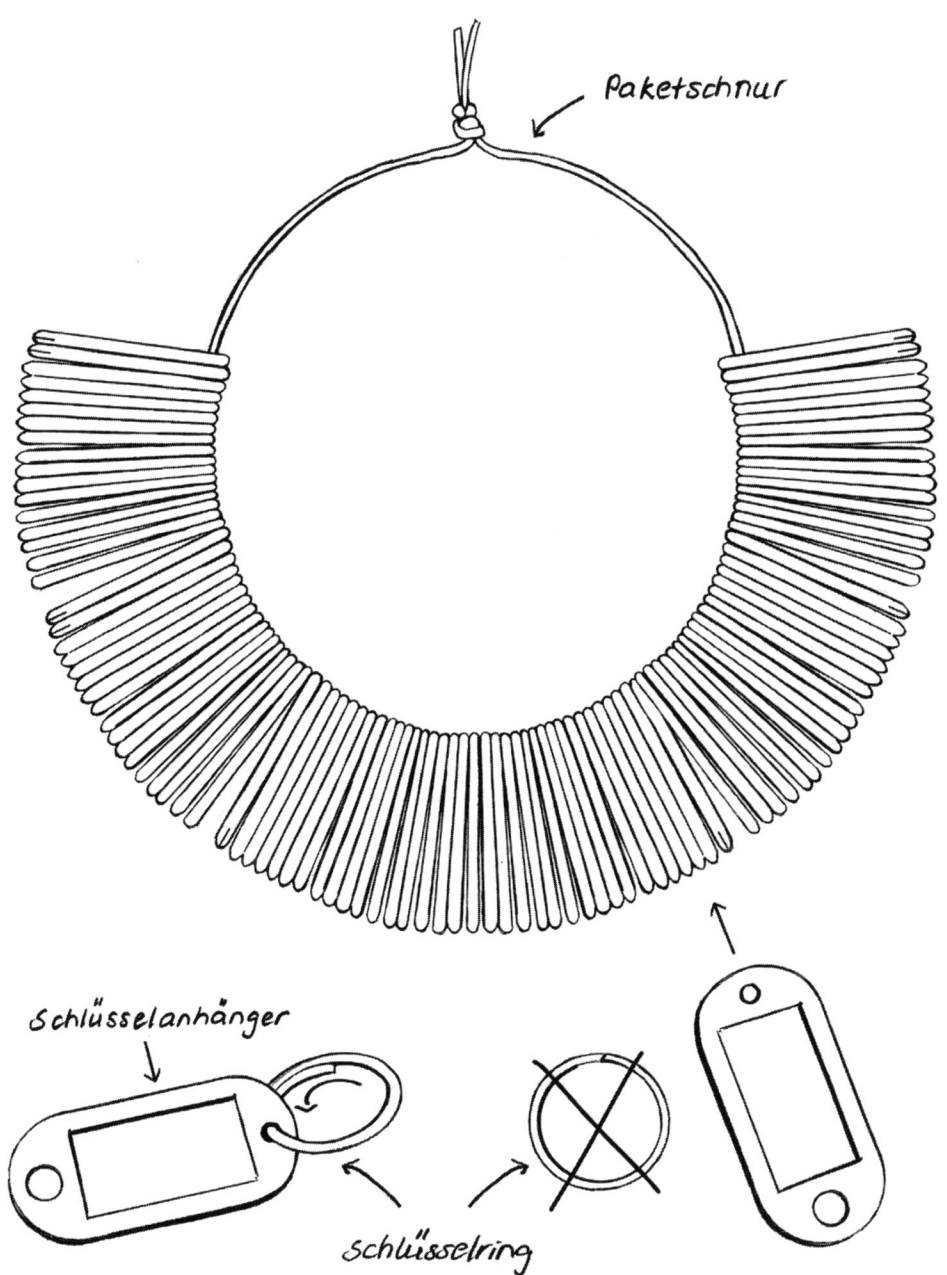

Paketschnur

Schlüsselanhänger

Schlüsselring

49

Fabrikneue Schlüsselanhänger aus dem Büromateriallager sind gut – gebrauchte Schlüsselanhänger mit der Aufschrift »Serverraum«, »Perso-
nalaktenschrank« oder »Kekslager« aus den Schubladen Ihrer
Kollegen noch viel besser!
Entdecken Sie die unberechenbare *Femme fatale* in sich, klauen
Sie wie ein Rabe und erhöhen Sie den Wert Ihrer Korallenkette à
la Audrey um ein Vielfaches! Wenn Ihre Kollegen versuchen sollten, mit dem Kekslagerschlüssel den Serverraum aufzuschlie-
ßen, kommt außerdem endlich ein wenig Leben in die Bude.
Das ist großes Kino!

Das sagt der Coach

Friseurbesuche, neue Kleidungsstücke und auffälliger
Schmuck wirken zuverlässiger und schneller als jedes
Coaching. Aber das wissen zum Glück nur wenige,
sonst wäre ich bald arbeitslos.

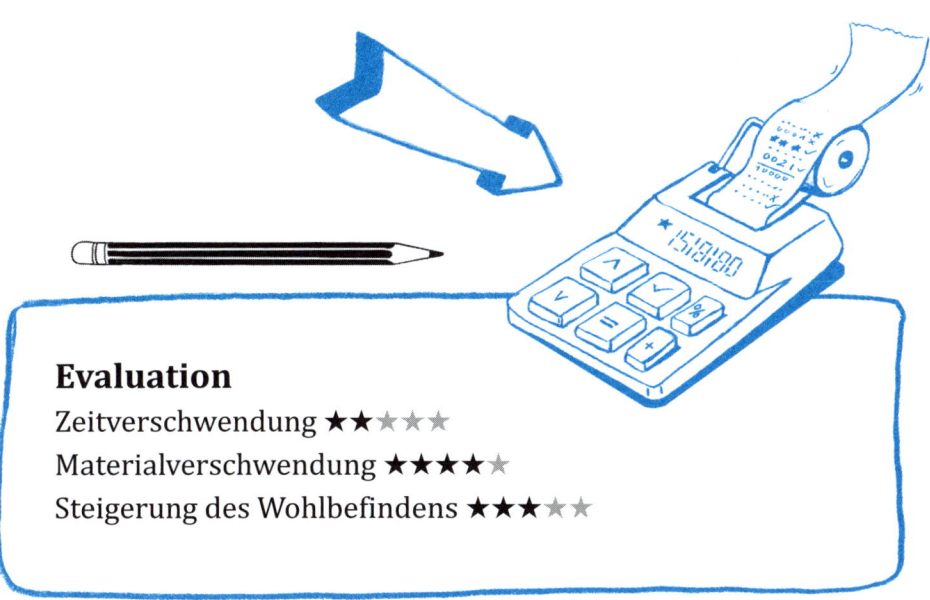

Evaluation

Zeitverschwendung ★★☆☆☆

Materialverschwendung ★★★★☆

Steigerung des Wohlbefindens ★★★☆☆

7. Die Lineale des Bösen

Bürowaffe »Irak«

Reden ist eine Möglichkeit, Konflikte zu bewältigen. Gewalt ist die andere – die gerade im Büroalltag erfahrungsgemäß zu kurz kommt. Zu groß ist die Furcht vor Sanktionen wie Kaffeeverbot oder eine Woche Mittagspause mit dem Chef. Dabei spricht vieles dafür, auch mal die Fäuste oder am besten gleich Waffen sprechen zu lassen. Denn welcher Chef hätte sich tatsächlich irgendwann lediglich durch gute Argumente davon überzeugen lassen, endlich Ihre bitter verdiente Gehaltserhöhung bei der Geschäftsführung durchzuboxen? Welcher Kollege von dem Hinweis, er schmücke sich mit Ihren Federn, wirklich zur Räson bringen lassen? Machen wir uns nichts vor: Im Büro wird so oder so mit unlauteren Mitteln gekämpft. Und was nützt Ihnen der auf Hochglanz polierte Heiligenschein, wenn nur Sie selbst ihn strahlen sehen?

Allein das Gefühl, die körperliche Unversehrtheit zu riskieren, kann dagegen Wunder wirken – sogar bei Chefs und Kollegen mit besonders widerstandsfähigem Teflon-Ego.

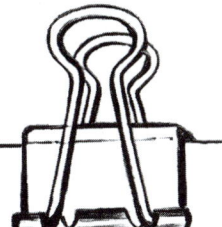

Das brauchen Sie:

☞ 1 Geodreieck

☞ 1 langes, stabiles Gummiband

☞ 2 kleine Foldback-Klammern

☞ 2 Stückchen Papier

☞ 1 Stückchen Karton

Nicht lang schnacken – Waffen packen!

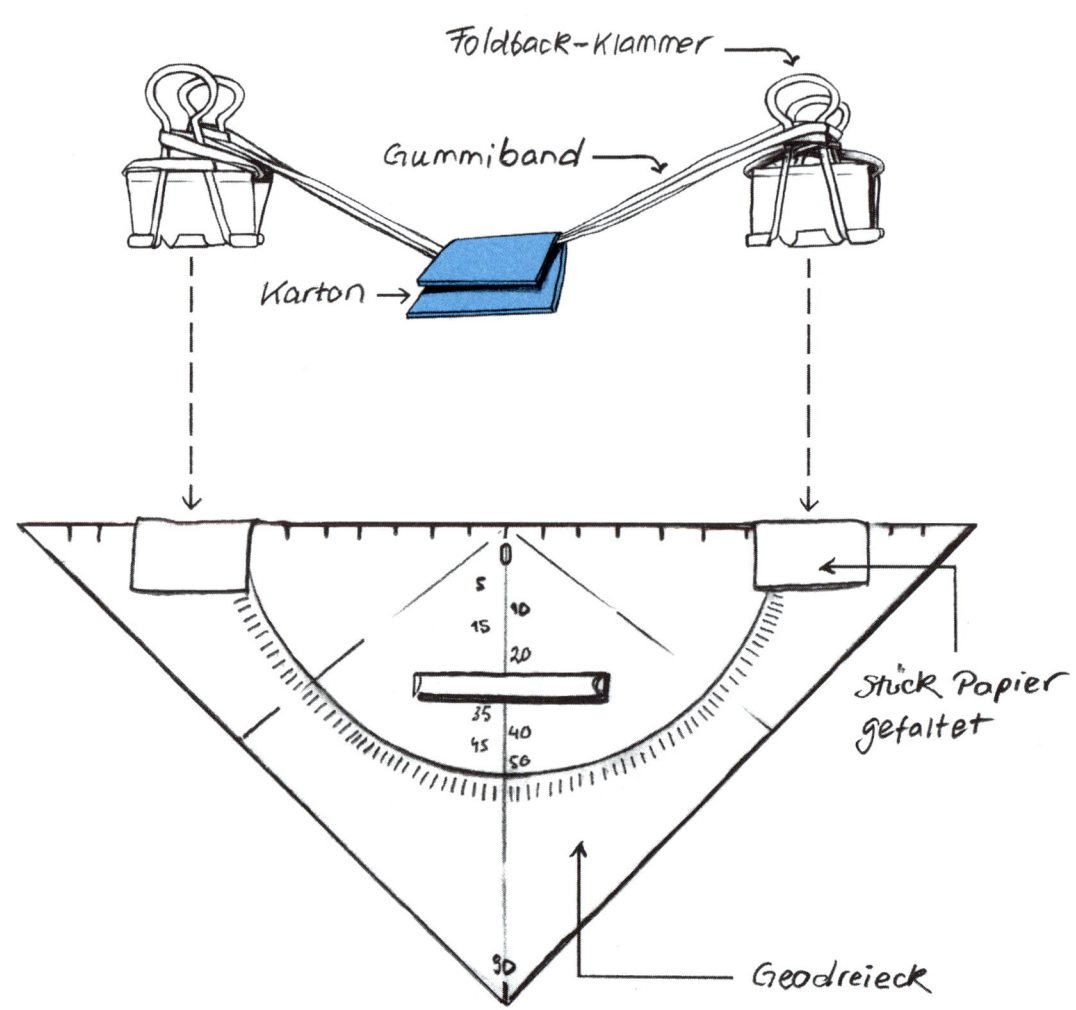

Foldback-Klammer

Gummiband

Karton →

Stück Papier gefaltet

Geodreieck

Gummiband in die beiden Foldback-Klammern klemmen. Ein Stückchen Papier in der Mitte falten und rechts außen über das Geodreieck legen. Eine Klammer darüber stecken. Auf der gegenüberliegenden Seite gleichermaßen verfahren.

Gummiband mit der Hand fassen, einmal um obere Klammern rechts und einmal um obere Klammern links wickeln, damit eine komfortable Höhe erreicht wird. Je nach Stabilitätsbedarf gerne mehrmals wickeln. Das Stückchen Karton ebenfalls falten, um die Mitte des Gummibands falten, spannen und – zack!

Das Ganze funktioniert wie eine gewöhnliche gute, alte Schleuder.

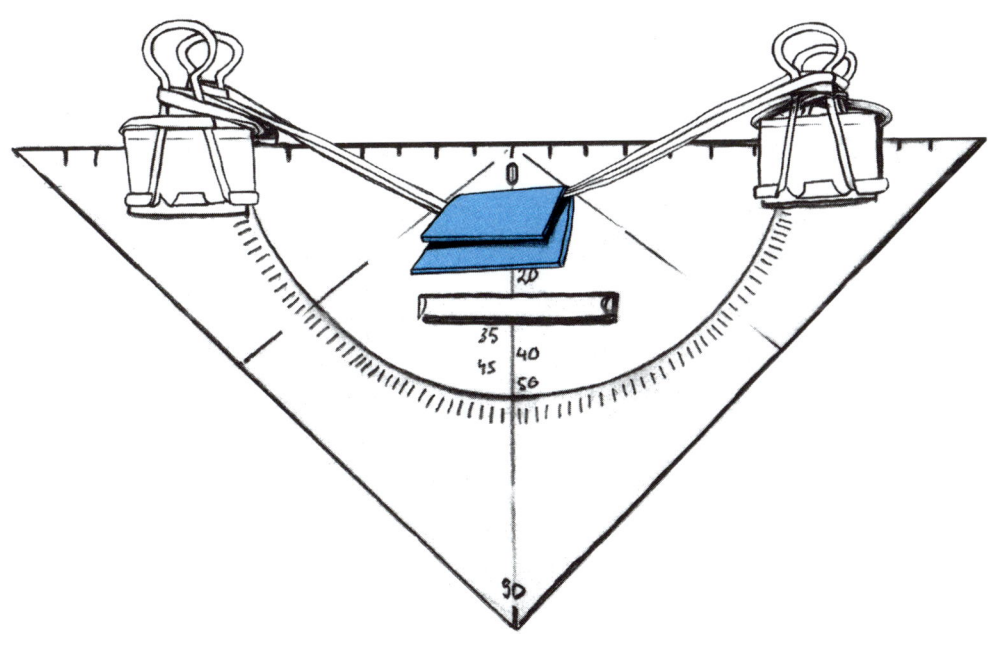

Suchen Sie sich Verbündete, stellen Sie eine ganze Armee zusammen und ziehen Sie in den Kampf gegen niedere Kriecher und verlogene Biester! Auf dem Höhepunkt der Schlacht greifen Sie in Ihre Hosentaschen und holen Ihre geheime Spezialmunition heraus: erbarmungslos spitze Pins.

Das sagt der Coach

»Wenn ich doch nur entsprechend kontern könnte« – wie oft haben Sie sich das schon gedacht? Und wie selten die Erfahrung genossen, es tatsächlich zu tun? Gönnen Sie sich das Erlebnis, Ihre Fantasie wahr werden zu lassen, und erblühen Sie in neuem Selbstbewusstsein, wenn Sie dem bezwungenen Feind in die angstgeweiteten Augen blicken!

Evaluation

Zeitverschwendung ★★★☆☆

Materialverschwendung ★★☆☆☆

Steigerung des Wohlbefindens ★★☆☆☆

8. Dauer-Nap statt Power-Nap

Ruhekissen »Bubumaxe« (für Allergiker geeignet)

Im Bürokosmos gibt es ein heiliges Dogma. Dieses Dogma ist Ziel eines komplexen Kultes, der den Bürokosmos in all seinen Verästelungen durchwirkt. Zur Lobpreisung des heiligen Dogmas werden Maschinen konstruiert und Computerprogramme entworfen. Jeder Büroangestellte muss sich zu Beginn seiner Tätigkeit feierlich mit seiner Unterschrift jenem heiligen Dogma verpflichten. Wovon hier die Rede ist? Von der heiligen Sache der Anwesenheit.

Dasein ist im Büro alles. Ganz gleich was man an seinem Schreibtisch eigentlich tut – Hauptsache, man ist da. Die Zeit der Anwesenheit wird minutengenau erfasst und verbucht – wie man sie verbringt, geht jedoch niemanden etwas an. Um nach einer langen Nacht fernab des eigenen Betts der heiligen Sache zu dienen, ohne vor Müdigkeit den Verstand zu verlieren, empfiehlt sich ein gepflegtes Büroschläfchen inklusive aller REM-Phasen. Dass dies auf harten Schreibtischplatten zu schlimmen Haltungsschäden führen kann, weiß jeder, der schon einmal unter der Woche nach Mitternacht Alkohol getrunken hat. Abhilfe schafft das Ruhekissen Bubumaxe, das – nach Herzenslust und mit Liebe gestaltet – im erbarmungslosen Neonlicht ganz nebenbei auch heimeliges Flair in Ihr Büro zu zaubern vermag.

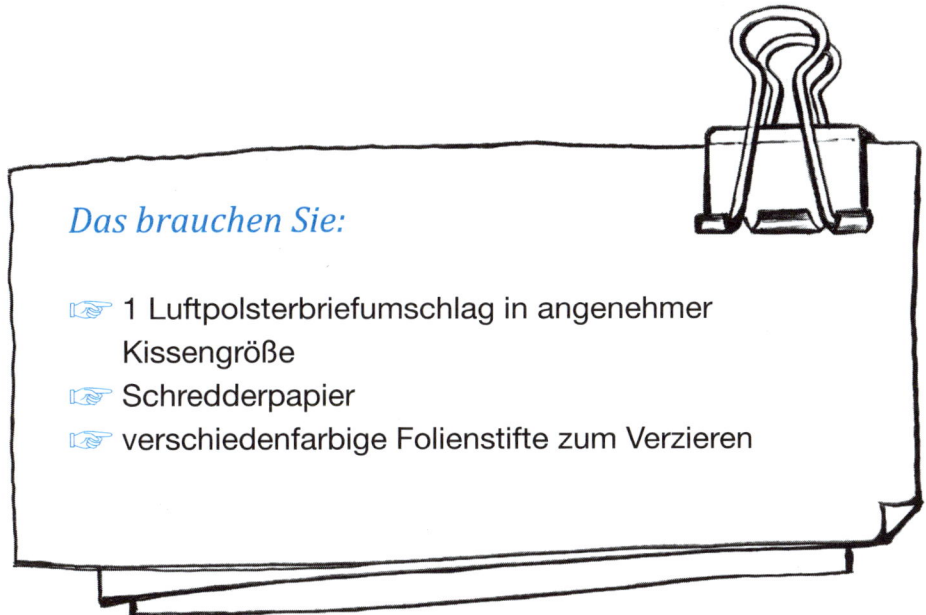

So geht's

Den Umschlag bis zum gewünschten Härtegrad mit Schredderpapier füllen und mit dem vorgesehenen Klebestreifen verschließen (ggf. mit zusätzlichem Klebeband verstärken). Anschließend schön verzieren: z. B. Dreiecke oder Spitzenmuster mit dem Folienstift aufmalen.

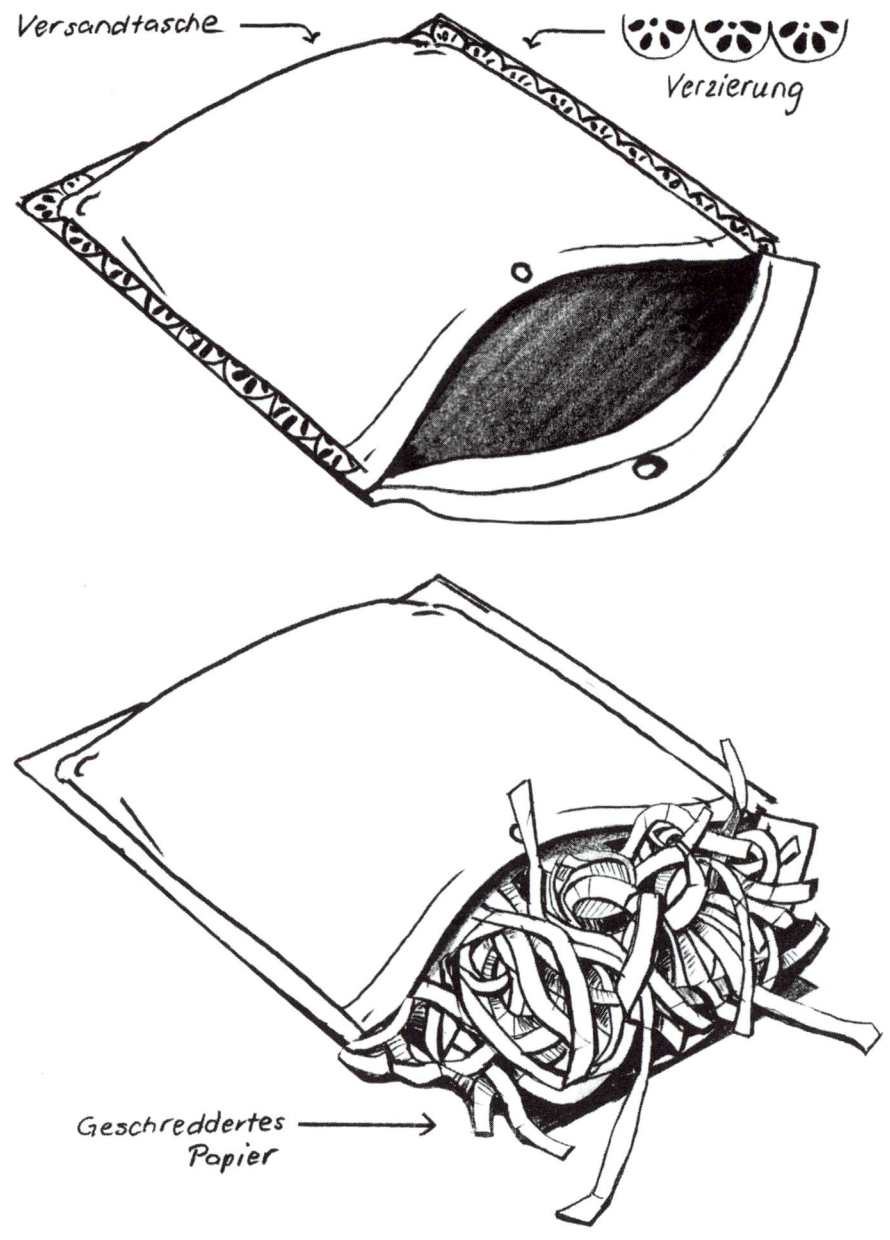

Versandtasche

Verzierung

Geschreddertes
Papier

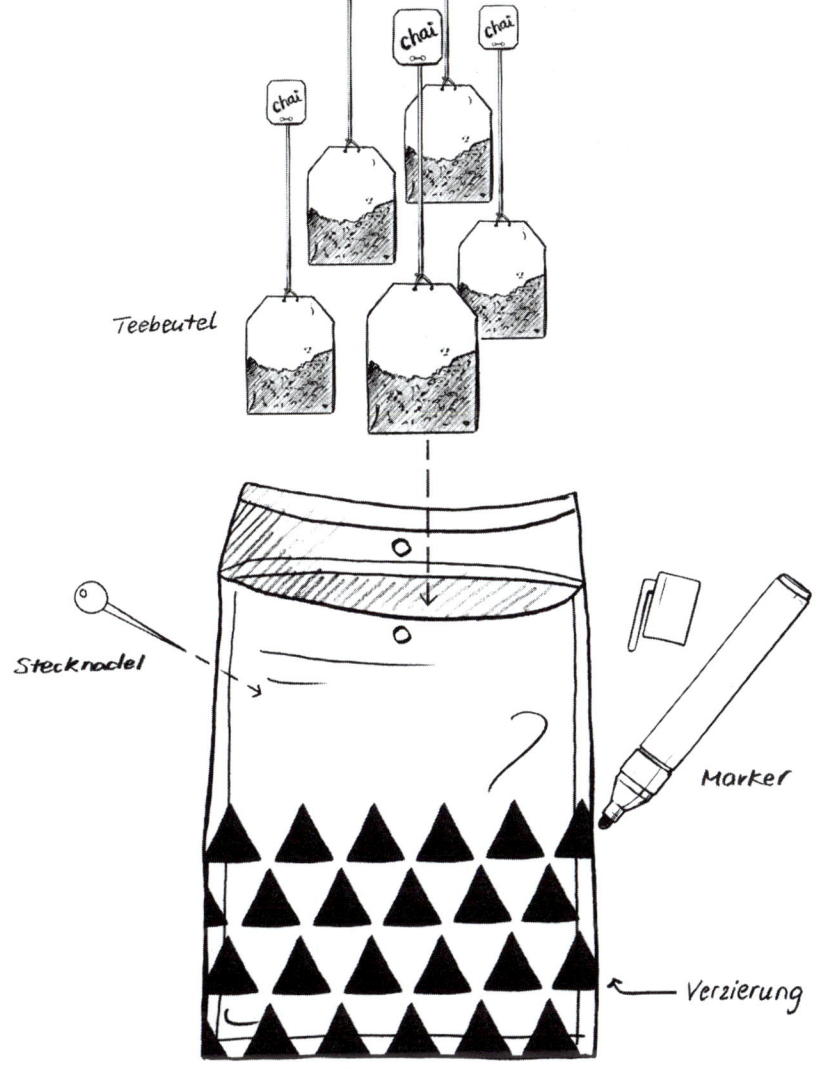

Teebeutel

Stecknadel

Marker

Verzierung

Tipp: Machen Sie aus Ihrem Kissen ein Duftkissen! Hierzu den Umschlag mit wohlriechendem Tee füllen, sachgemäß verschließen und mit einer Stecknadel kleine Riechlöcher in die Oberseite des Kissens piksen.

Stellen Sie mehrere Kissen auf einmal her und
kleben Sie sie zu einer kuscheligen Matratze zusammen. Aus dem Büroschläfchen werden so mühe-
los volle acht Stunden Schlaf. Machen Sie den Tag zur Nacht!

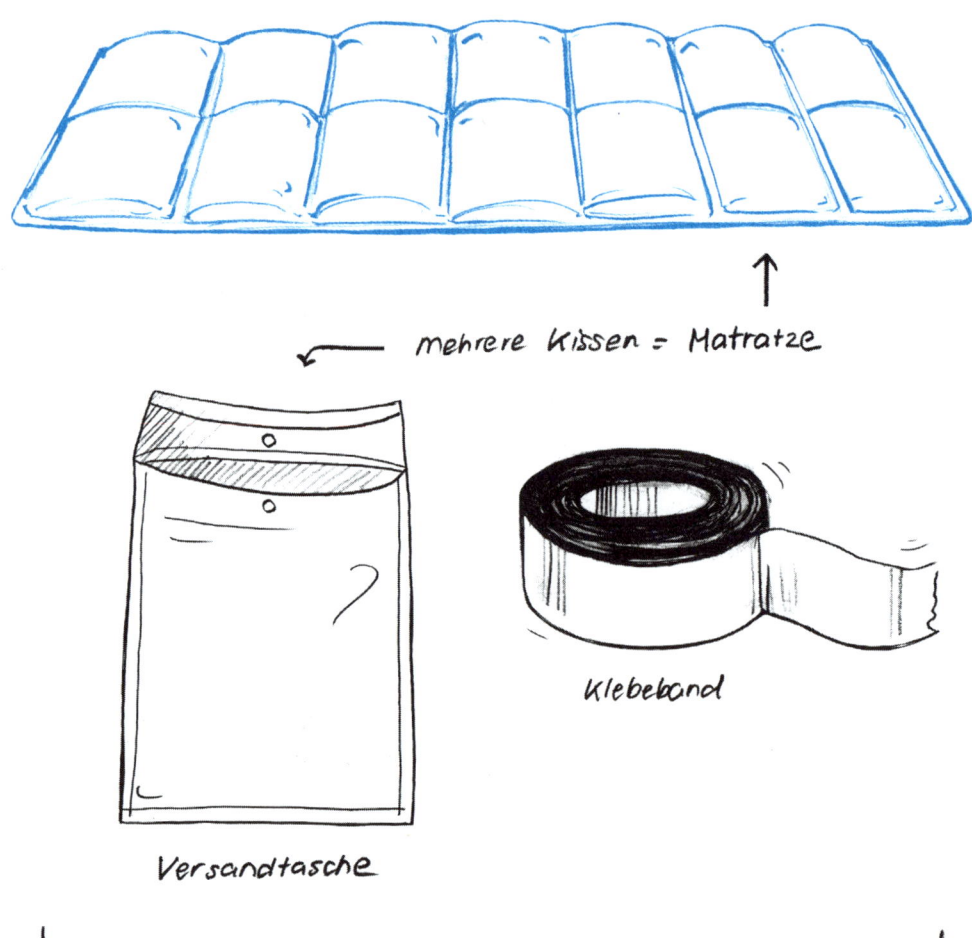

mehrere Kissen = Matratze

Versandtasche

Klebeband

Das sagt der Coach

Das Ruhekissen Bubumaxe wirkt gleich in mehrfacher Hinsicht positiv auf Ihre Psyche: Sie können Ihren Arbeitgeber nicht nur durch den Verbrauch von Büromaterial schädigen, sondern schaffen sich überdies eine ausgezeichnete Grundlage, um langfristig und wiederholt Arbeits- in Schlafenszeit zu verwandeln. Sie verjuxen auf diese Weise nicht nur Zeit und Geld, sondern sind außerdem noch in der Lage, im Rahmen eines friedlichen und erholsamen Schlafs im Büro Ihre jobbedingten Traumata zu verarbeiten.

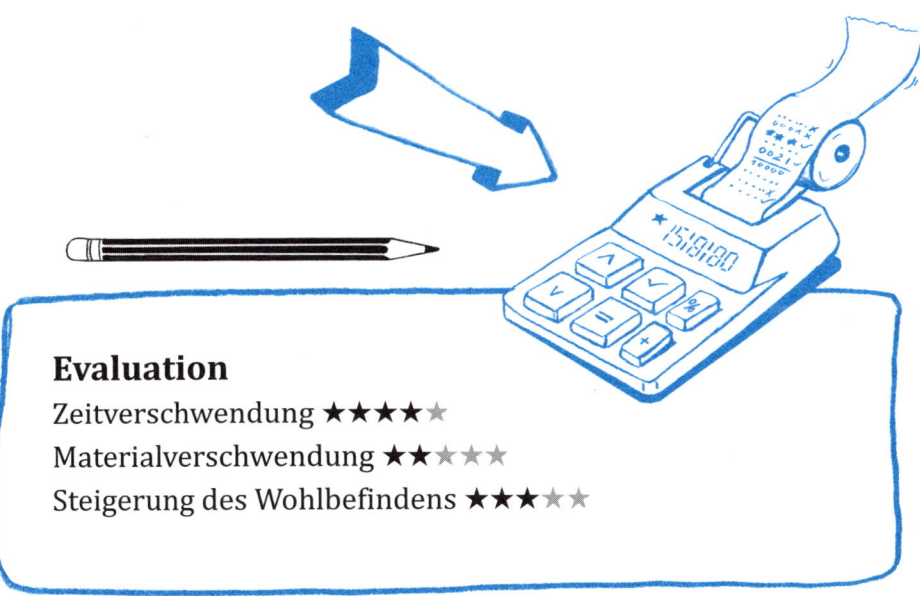

Evaluation

Zeitverschwendung ★★★★★

Materialverschwendung ★★★★★

Steigerung des Wohlbefindens ★★★★★

9. Nur ein toter Kollege ist ein guter Kollege

Post-it-Paintball »Gelbe Gefahr«

»Jeder normale Mensch muss zuweilen versucht sein, in die Hände zu spucken, die schwarze Flagge zu hissen und anzufangen, Kehlen durchzuschneiden.«[1] Sie kennen diese Versuchung. Sie wissen, wie sich blinder Hass auf die Faultiere, die Kriecher und Schmarotzer anfühlt, die in jedem Büro anzutreffen sind. Jede Konferenz lässt Ihnen das Messer in der Tasche aufgehen. Nach jeder Einzelsitzung mit dem Chef könnten Sie morden.

So weit, so normal. Doch was würde passieren, wenn der Tag käme, an dem sich Ihr innerer Zensor in den Urlaub verabschiedet? Wenn Sie tatsächlich die schwarze Flagge an Ihrem Schreibtisch hissten, in die Küche stürmten, sich das neue Kuchenmesser krallten und damit auf die Suche nach den längst fälligen Kehlen gingen?

Schlecht. Ganz schlecht. Denken Sie an all die Vorteile des Büros, auf die Sie im Gefängnis verzichten müssten: Der Kaffee dort schmeckt nicht mehr nach Spülwasser, sondern nach Toilette. Sie können sich Ihr Mittagessen nicht länger aussuchen, und Ihr Privatbereich wäre noch winziger als das Schreibtischverlies, über das Sie momentan verfügen.

Damit Sie Ihre Gewaltfantasien nicht eines Tages in die Tat umsetzen, spielen Sie regelmäßig dieses simple kleine Spiel.

---

1 Woher dieses Zitat stammt, ist ungewiss. Doch es muss ein weiser Mensch gewesen sein.

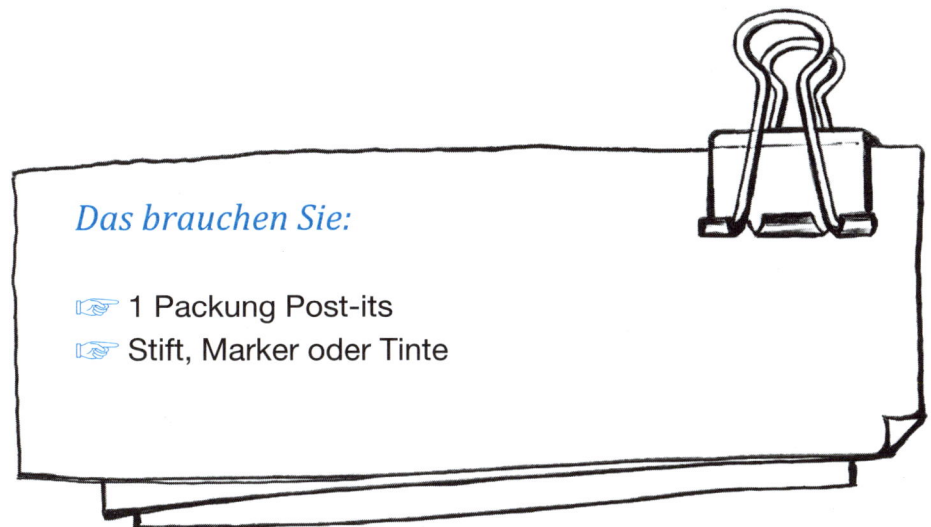

Das brauchen Sie:

☞ 1 Packung Post-its
☞ Stift, Marker oder Tinte

So geht's

Post-it-Zettel beklecksen, in die Tasche stecken und den Kollegen heimlich mit sanftem, aber tödlichem Druck an den Körper heften, während man sie mit einer interessanten Excel-Tabelle ablenkt oder sie konzentriert in der Kaffeeküche zugange sind.

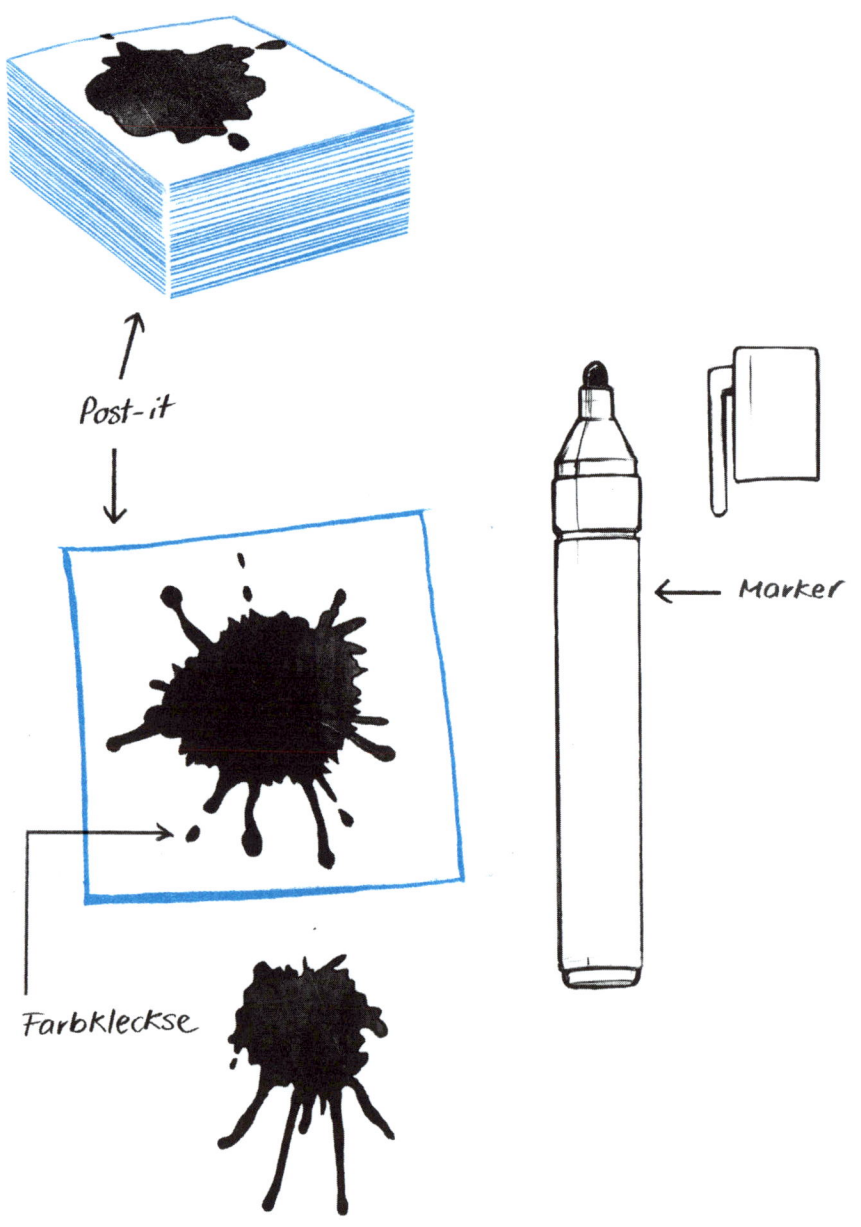

Post-it

Farbkleckse

Marker

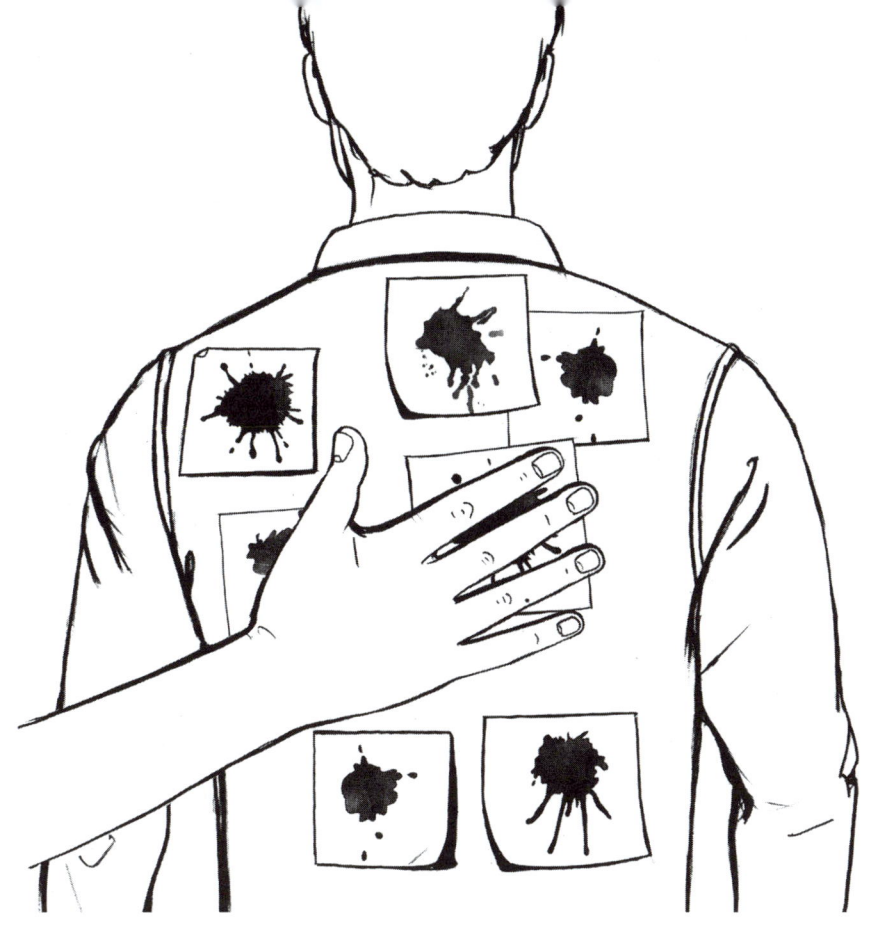

Noch mehr destruktive Energie lässt sich durch
die schnellere, kriegerischere Variante freisetzen:
Teilen Sie sich in zwei Teams auf, zählen Sie bis drei
und jagen Sie einander durchs gesamte Unternehmensgebäude.
Die Gruppe, die ihre Post-its zuerst losgeworden ist, hat ge-
wonnen.

Das sagt der Coach

Der Nutzen dieser spielerischen Übung liegt auf der Hand und wurde bereits im Groben genannt: Es geht um nichts Geringeres als den effektiven Abbau von Aggressionen. Machen Sie sich nichts vor: Auch Sie sind gefährdet. Wenn noch nicht akut, so lauern in Ihrem Unterbewusstsein doch Gedanken und Gefühle, die auf den einen mächtigen Energieschub warten, der Ihre Aggressionen an die Oberfläche treibt, wo sie sich Stück für Stück zu einem überwältigenden, tödlichen Wutanfall zusammensetzen. Lassen Sie es nicht so weit kommen!

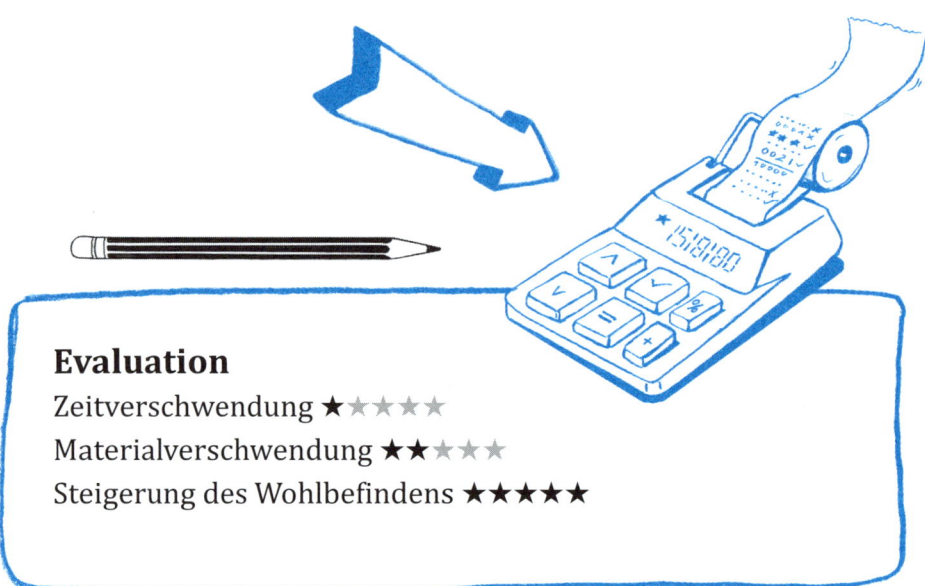

Evaluation
Zeitverschwendung ★☆☆☆☆
Materialverschwendung ★★☆☆☆
Steigerung des Wohlbefindens ★★★★★

10. Ich mach mir die Welt, wie sie mir gefällt

Brille »Rosarot«

Seit fünf Jahren bestellen Sie beim Universum, dass der Kollege, mit dem Sie das Büro teilen, kündigt. Oder gekündigt wird. Oder in den Vorruhestand tritt – oder zumindest mal sechs Wochen krank ist. Es muss ja nichts Schlimmes sein, nur etwas Langwieriges, verdammt! Er redet den lieben langen Tag wirres Zeug, hat eine dicke Warze am Kinn und ein Faible für geruchsintensive Speisen wie Leberwurstbrote. Vermutlich ist er überdies verrückt. Sie haben alles versucht: ihn nett finden, ihn nicht so wichtig nehmen, ihn ignorieren, ihn in ein weißes Kaninchen verwandeln. Sie haben eine Voodoopuppe mit seinem Namen auf Ihrem Balkon verbrannt. (Und deshalb ein schlechtes Gewissen gehabt.) Sie haben gebetet. Sie haben versprochen, jeden Monat zwanzig Euro für arme Brennpunktkinder zu spenden. Dann haben Sie auf fünfzig erhöht. Leider stellt sich das Universum bislang stur. Ihre Bestellung wird einfach nicht bearbeitet.

Die gute Nachricht: Irgendwann wird garantiert irgendetwas passieren, das die Situation verändert. Das ist immer so. Die schlechte: Keiner weiß, wann genau das sein wird. Bis dahin empfehlen wir ein bewährtes Fluchtfahrzeug für Ihre Psyche: die gute alte rosarote Brille, selbst gebastelt und deshalb derart günstig, dass immer noch genügend Kohle für die Brennpunktkinder übrig bleibt. Die Welt wird warm und einladend wirken, der Kollege nur noch als verschwommener Schemen erkennbar sein – und Sie nicht mehr ansprechen, weil jetzt Sie derjenige sind, der gaga aussieht.

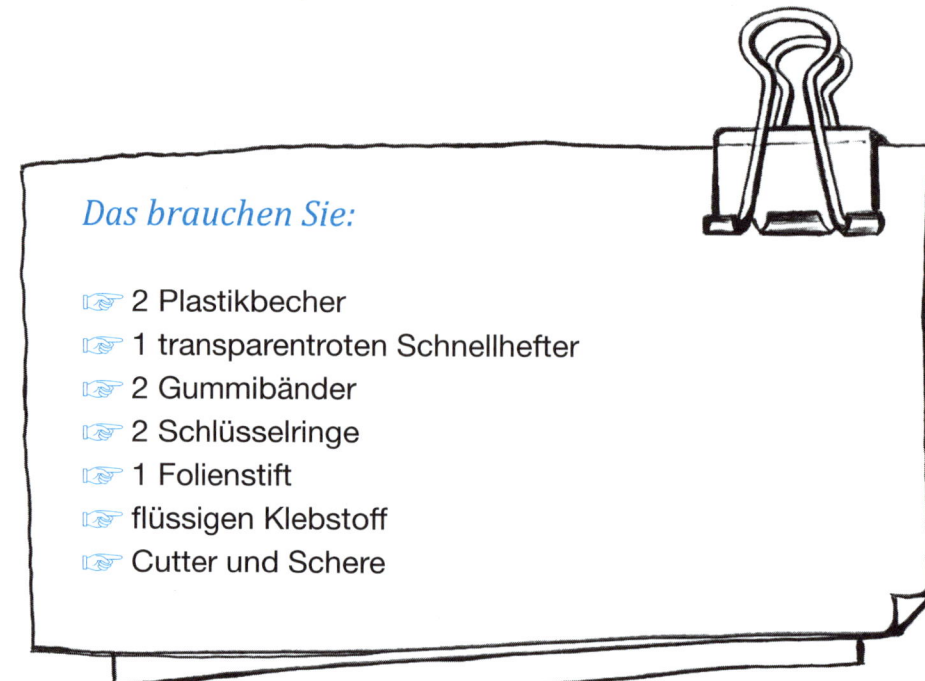

Das brauchen Sie:

☞ 2 Plastikbecher
☞ 1 transparentroten Schnellhefter
☞ 2 Gummibänder
☞ 2 Schlüsselringe
☞ 1 Folienstift
☞ flüssigen Klebstoff
☞ Cutter und Schere

So geht's

Die beiden Plastikbecher mit dem offenen Ende auf die Rückseite des Schnellhefters stellen und mit dem Folienstift drumherummalen. Die beiden Kreise ausschneiden. Nun jeweils das obere Ende der Plastikbecher mit dem Cutter abschneiden und die Folienkreise als Brillengläser auf den breiteren Rand kleben. Am äußersten und innersten Rand der Gläser mit dem Cutter einen kleinen Schlitz einschneiden. Die Brillengläser mit dem zurechtgebogenen Metallbügel aus dem Schnellhefter verbinden. Probeweise auf die Nase setzen und, falls nötig, justieren.

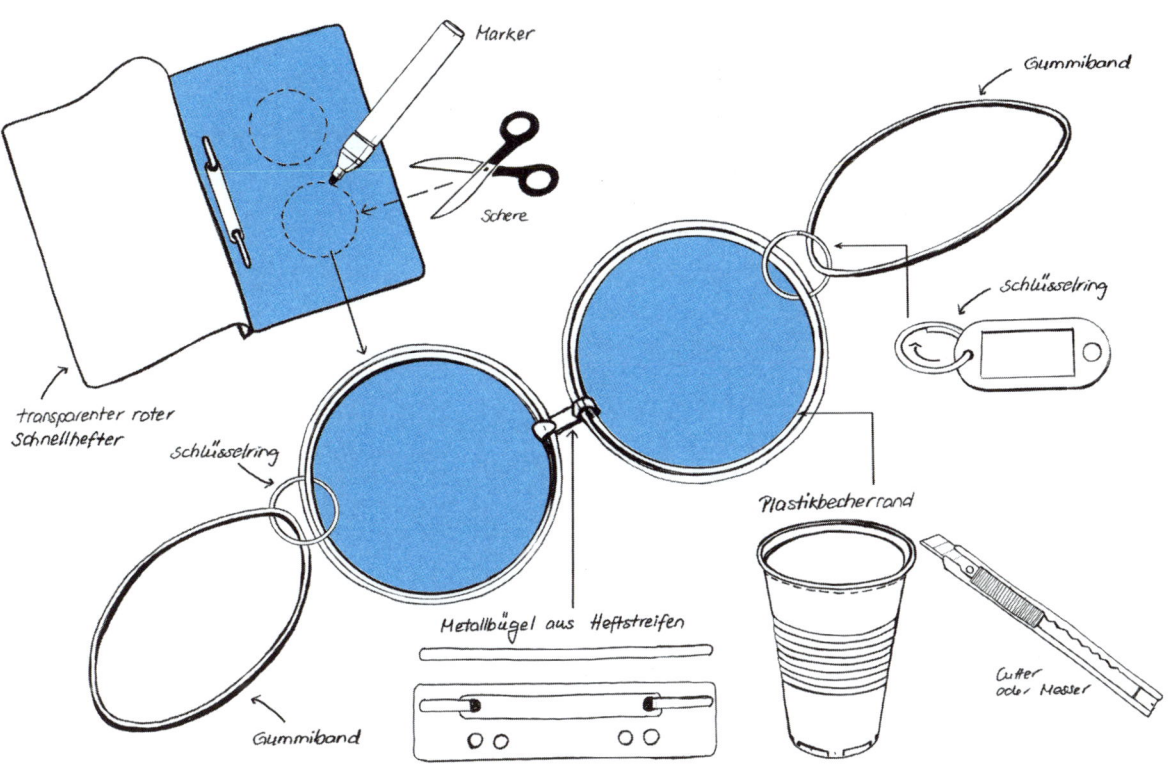

Nun jeweils einen Schlüsselring rechts und links durch die äußeren Schlitze an der Brille drehen und in die Schlüsselringe je ein Gummiband einfädeln. Brille aufsetzen und ein Gummiband hinter jedes Ohr ziehen. Ggf. durch längere oder kürzere Gummibänder ersetzen.

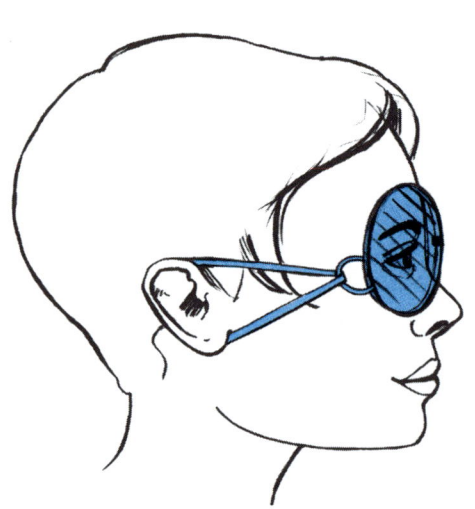 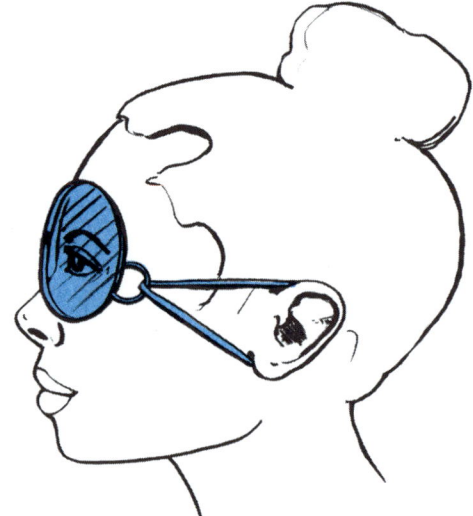

THINK
BIG!

Machen Sie aus dem Basismodell »Rosarot« das
Luxusmodell »Selbst das Grubenpony sieht rosa«:
Basteln Sie entsprechend der Anleitung zwei wei-
tere Gläser und montieren Sie sie seitlich als schützende Scheu-
klappen. So können Sie nicht nur das, was Ihnen frontal in der
Optik sitzt, in gnädiges Rosarot tauchen, sondern einfach alles,
was sich um Sie herum abspielt.

Das sagt der Coach

»Du kannst alles erreichen, wenn du es nur willst!«, versprechen zahlreiche Ratgeber fürs Büro und für den Rest des Lebens. Das ist eine Lüge. Man kann *nicht* alles erreichen, was man sich erträumt. Zum Trost sei Ihnen gesagt, dass Frustrationserlebnisse nun einmal zum Leben dazugehören und unseren Charakter formen.
Wenn die Frustration jedoch allzu übermächtig wird, setzen Sie sich einfach die rosarote Brille auf. Manchmal ist die Realität zu hart, um sich ihr ungefiltert auszusetzen.

Evaluation
Zeitverschwendung ★★★★☆
Materialverschwendung ★★☆☆☆
Steigerung des Wohlbefindens ★★★★☆

11. Punkt für Punkt statt PowerPoint

Keyboard-Kunst »Ich warne dich«

Ach, gäbe es doch nur ein wirksames Mittel, um all die lästigen Menschen davon abzuhalten, mit ihren Problemen, Klatschgeschichten und Aufgaben zu Ihnen zu kommen! Kaum haben Sie es sich mit einer Tasse frisch aufgebrühtem Kaffee an Ihrem Schreibtisch gemütlich gemacht, huscht Kollege Wendemeier um die Ecke und will sein Redebedürfnis über die dysfunktionalen Rollos in seinem Büro an Ihnen stillen. Kaum ist er abgewehrt, kommt auch noch Betriebsrat Gewerkmüller hereingewatschelt und ermittelt in dieser brandheißen Sache mit der geklauten Milch aus dem Kühlschrank ...

Bieten Sie diesen Menschen Einhalt – um Ihrer eigenen seelischen Gesundheit willen! Die Keyboard-Pixelkunst wird Ihnen dabei gute Dienste leisten.

Das brauchen Sie:

☞ 1 schwarzen Folienstift
☞ mehrere Reißzwecken

So geht's

Mit dem Folienstift Quadrat für Quadrat den Totenkopf auf die vor Ihnen liegende Tastatur übertragen. Tasten außerhalb des Umrisses schwärzen.

Special Effect: Umgedrehte Reißzwecken aufkleben!

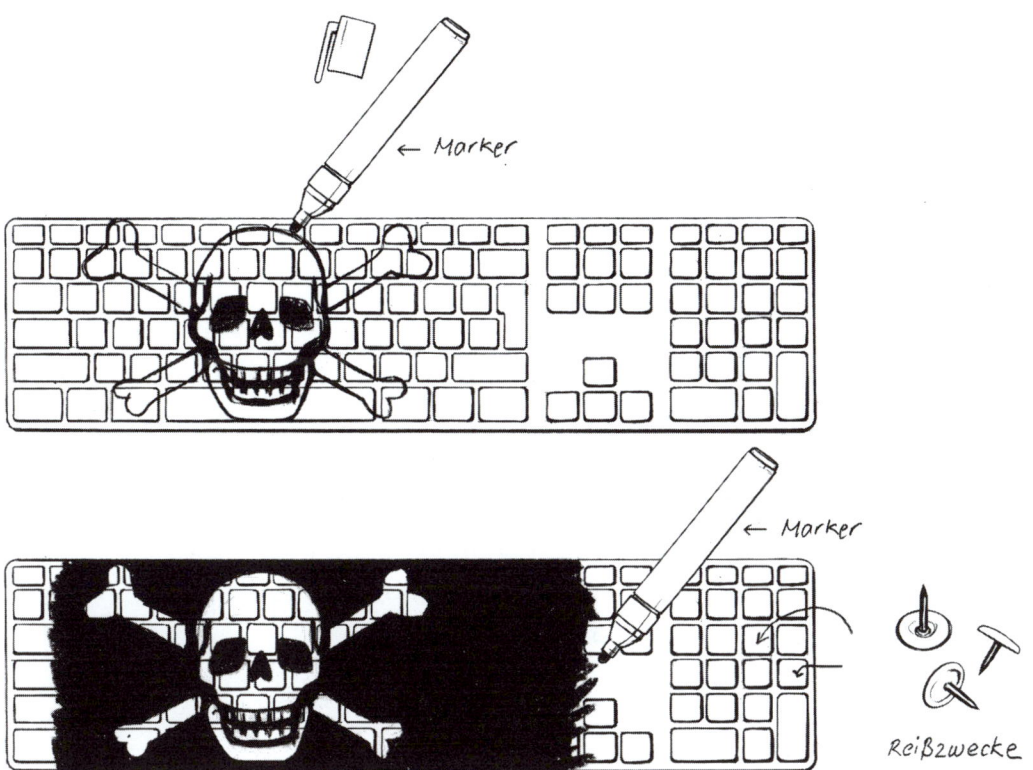

← Marker

← Marker

Reißzwecke

Das beste Mittel gegen auf Bürofluren marodie-
rende Kollegen ist immer noch: Beschäftigung.
Wenn Wendemeier, Wüthuber und Gewerkmüller
um 16.45 Uhr ihre Rechner heruntergefahren haben und nach
all ihrem aufreibenden Gequatsche in den wohlverdienten Feierabend verschwunden sind, hat Ihre Stunde geschlagen: Schwärzen Sie die Tasten auf den Keyboards Ihrer Kollegen und verla-
gern Sie so für mindestens einen Tag die soziale Interaktion aus
Ihrem Büro in die IT-Abteilung.

Das sagt der Coach

In unserer modernen Gesellschaft herrschen Informations-
überfluss, Leistungszwang und chronischer Zeitmangel.
Das langweilige Gewäsch aufdringlicher Kollegen belastet
Sie zusätzlich. Diesen Menschen in der verbalen Interaktion
Grenzen aufzuzeigen kostet wiederum Zeit und Kraft.
Das Schöne an der hier präsentierten Lösung: Sie bedarf
keiner Worte oder sonstiger Anstrengungen. Sie spricht
ganz für sich allein.

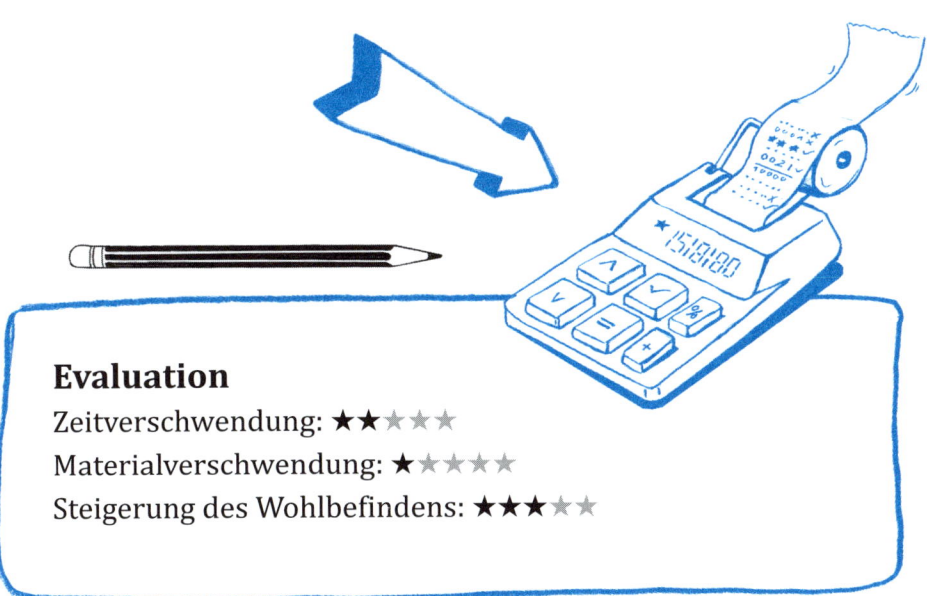

Evaluation

Zeitverschwendung: ★★☆☆☆

Materialverschwendung: ★☆☆☆☆

Steigerung des Wohlbefindens: ★★★☆☆

12. Das papiervolle Büro

Designermöbelserie »DIN A4«

Sind Sie der Typ, der nicht kleckert, sondern lieber klotzt? Der meint, mit ein paar hübschen Armbändern aus Büromaterial könnte man keine Zeichen setzen, die bei denen da oben auch tatsächlich ankommen? Der im großen Stil Ressourcen verschwendet und seinem Arbeitgeber gern mal zeigen würde, wo der Hammer hängt? Dann aufgepasst!

Mit Papier wird in Büros traditionell gegeizt. Schon lange vor der Erfindung des »papierlosen Büros« – eine Science-Fiction-Idee der Nerds aus dem Controlling, die nie Realität werden wird – wurden wir angehalten, Papier um Himmels willen beidseitig zu bedrucken. Unter dem Deckmäntelchen des Umweltschutzes wurde die Papiersparmanie gar so weit getrieben, dass mittlerweile jede E-Mail mit den oberlehrerhaften Worten endet: *Drucken Sie diese E-Mail nur aus, wenn es wirklich nötig ist.* Ja, warum sonst sollte man sie denn ausdrucken? Etwa weil es so ein furchtbar großer Spaß ist? Als ob uns in Sachen Papierverschwendung nichts Besseres einfiele!

Viel spaßiger, als dem Drucker dabei zuzusehen, wie er unnütz E-Mails ausdruckt (was ehrlich gesagt *überhaupt* keinen Spaß macht), ist es, aus diesem feinen Rohstoff eine Möbelserie zu bauen. Das ist nicht nur um ein Vielfaches konstruktiver und kreativer, sondern auch noch weitaus verschwenderischer. Und es gibt einen weiteren positiven Nebeneffekt: Endlich können Sie Ihr Büro mit stylischen, individuellen Sitz- und Lümmelgelegenheiten ausstatten, ohne dass Sie einen Cent dafür zahlen müssen. (Ihr Arbeitgeber dafür umso mehr.)

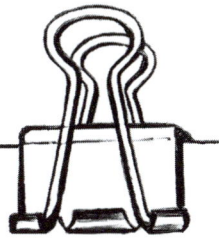

Das brauchen Sie:

☞ unendlich viele noch verpackte 500er-Papierblöcke
☞ DIN-A4-Papierseiten für die Couchoberfläche
☞ Klebstoff oder doppelseitiges Klebeband
☞ Kopierer

So geht's

Papierblöcke zu einem Sofa stapeln und die einzelnen Blöcke jeweils miteinander verkleben. Wenn das Sofa gebaut ist, DIN-A4-Kopien des auf Seite 81 abgebildeten Chesterfield-Musters anfertigen und damit die Couchoberfläche tapezieren.

Tipp: Das Designer-Sofa wird zur gemütlichen Couchlandschaft, wenn Sie es mit hinreichend vielen »Bubumaxe«-Kissen polstern.

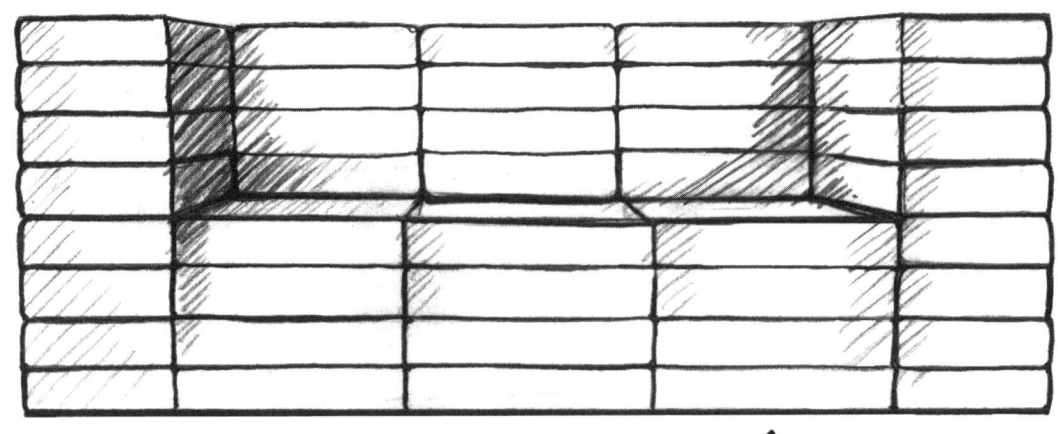

Kopierpapier
500-Blatt-Packung

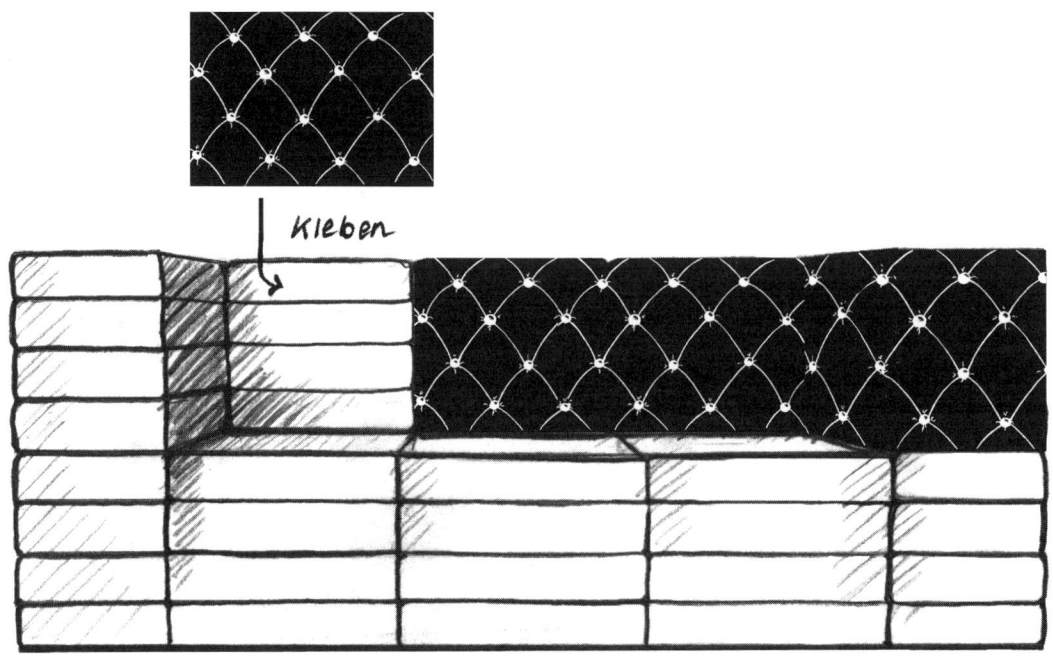

Kleben

Machen Sie aus dem klassischen Zweisitzer für die Besprechungsecke eine loungige Sitzlandschaft, die sich cool um Ihren Schreibtisch herumgruppiert und die Kollegen zu geselligem Beieinander auffordert. Wenn Ihnen weiß zu clean ist, greifen Sie auf unsere Kopiervorlage »Chesterfield« zurück und zaubern Sie mit wenigen Kopien die elegante Atmosphäre britischer Clubs in Ihr Büro!

Das sagt der Coach

»My Büro is my castle« – Sie verbringen im Wachzustand vermutlich mehr Zeit in Ihrem Büro als zu Hause. Denken Sie mal darüber nach. Und überlegen Sie gut, in welcher Sphäre Sie sich zukünftig innenarchitektonisch engagieren möchten.

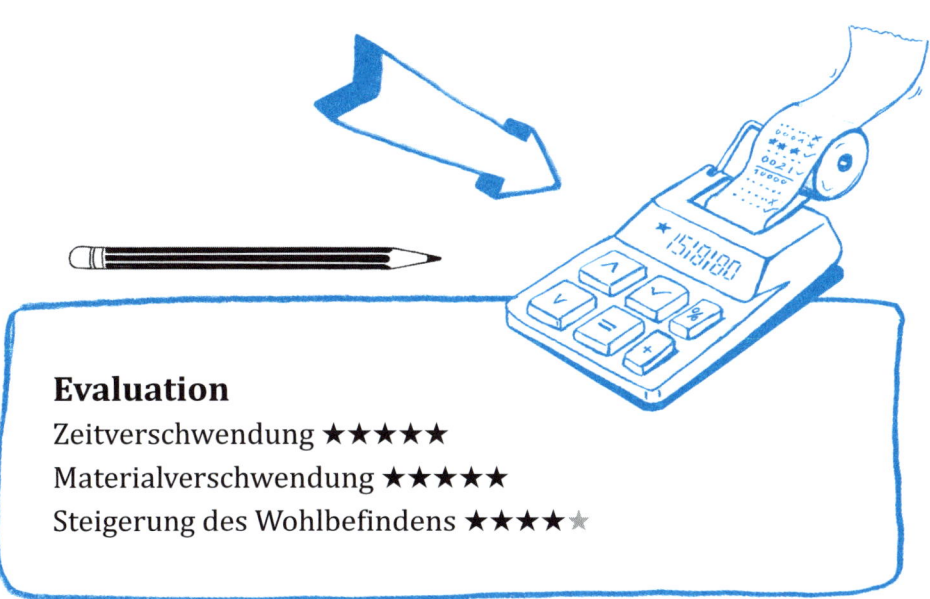

Evaluation

Zeitverschwendung ★★★★★

Materialverschwendung ★★★★★

Steigerung des Wohlbefindens ★★★★★

13. Tropical Gardens

Blumen-Puschelstift »Victoria Regina«

Urlaubstage sind rar und der nächste Urlaub garantiert noch weit entfernt, und kaum sind wir tatsächlich in die Ferien entfleucht, denken wir die Hälfte der Zeit an nichts anderes als an die grausame Rückkehr ins finstere Reich der staubigen Aktenordner und vollgekrümelten Computertastaturen, wo wir den Rest des Jahres in furchtbar trister Polyesterteppich-Atmosphäre verbringen, in den grauen Himmel starren und Trübsal blasen. Und uns fortträumen in südliche Gefilde, wo die Sonne gülden, der Sand warm, die Palmwedel grün und buschig und die Piña Coladas umsonst sind ...

Doch warum in die Ferne schweifen? Warum nicht die Exotik direkt ins Büro holen? Der Blumen-Puschelstift »Victoria Regina« macht's möglich! Seine karibische Üppigkeit wird selbst die feindlichste Umgebung in Urlaubsatmosphäre tauchen.

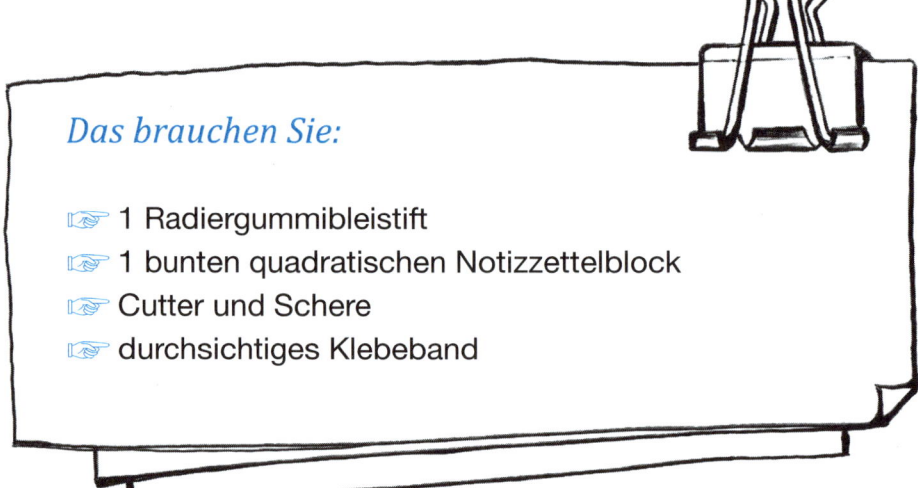

Das brauchen Sie:

☞ 1 Radiergummibleistift
☞ 1 bunten quadratischen Notizzettelblock
☞ Cutter und Schere
☞ durchsichtiges Klebeband

Für die Blütenstempel jeweils das Drittel einer gelben Notizblockseite zusammenrollen und anschließend in sich verzwirbeln. Für die Blüten eine große und eine etwas kleinere Blüte aus zwei verschiedenfarbigen Notizblockseiten schneiden und in die Mitte mit dem Cutter ein kleines Kreuz ritzen.

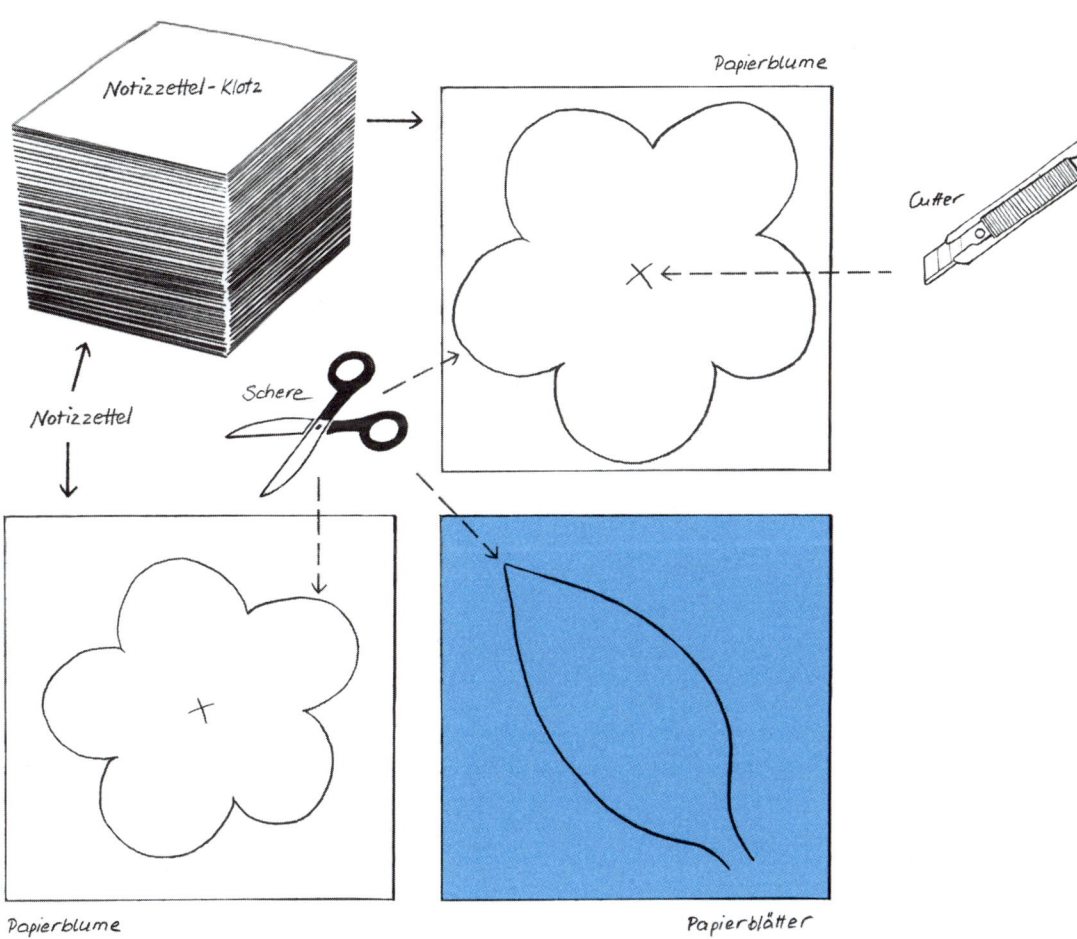

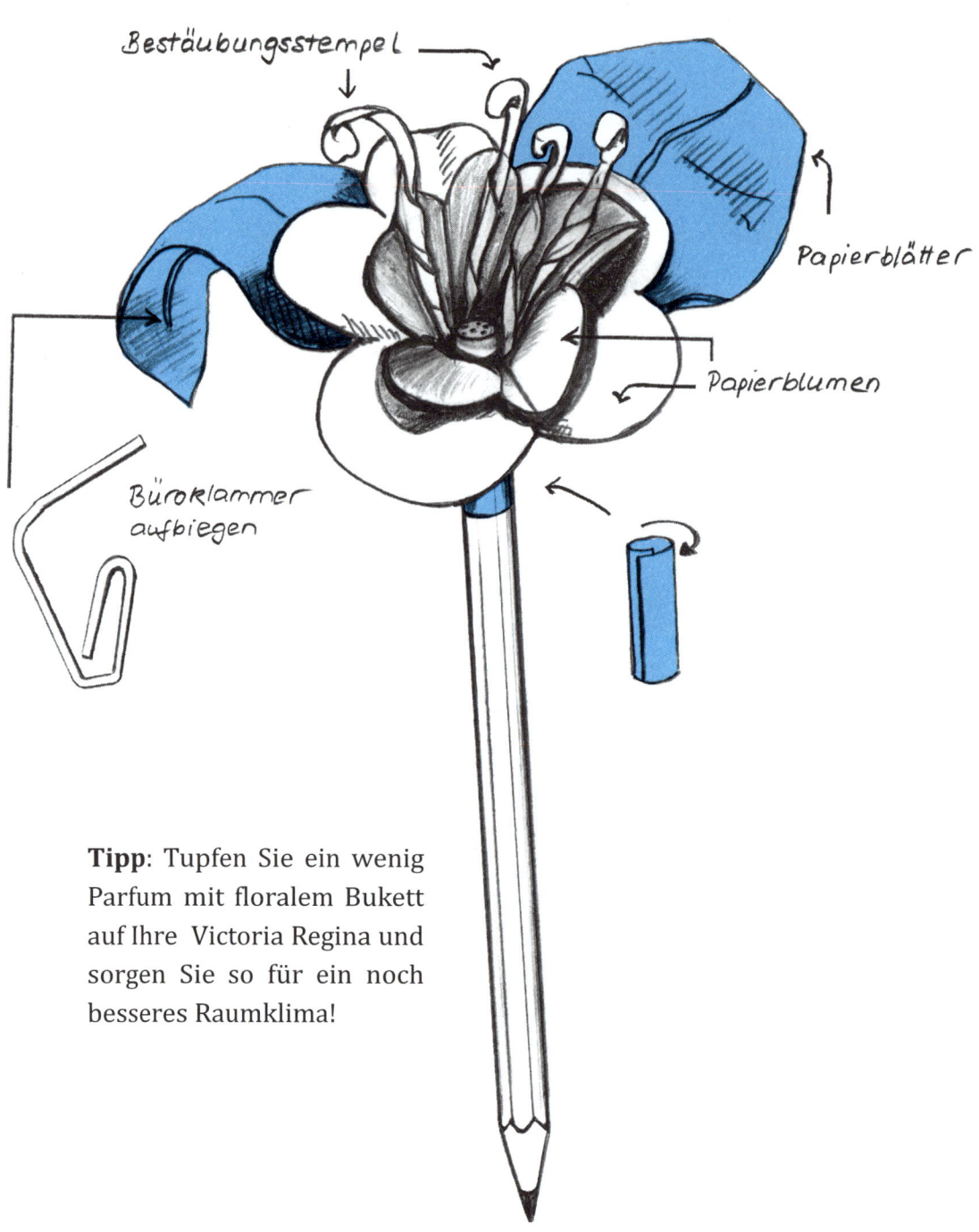

Bestäubungsstempel

Papierblätter

Papierblumen

Büroklammer aufbiegen

Tipp: Tupfen Sie ein wenig Parfum mit floralem Bukett auf Ihre Victoria Regina und sorgen Sie so für ein noch besseres Raumklima!

Als Blätter zwei grüne Notizzettel zuschneiden und jeweils eine aufgebogene Büroklammer, mithilfe derer man das Blatt in Form biegen kann, als stabilisierende Mittelrippe mit Klebeband auf die Blattrückseite kleben.

Nun den Bleistift in die beiden Blüten stecken, die Blumenstempel in deren Mitte stecken und anschließend die beiden Blätter drumherumwickeln. Zu guter Letzt ein kleines grünes Röllchen formen, um das Gebinde wickeln und das gesamte Gebinde mit Klebeband fixieren. Perfektionisten können nun noch den Bleistiftgummi mit schwarzen Pünktchen versehen.

THINK BIG!

Machen Sie die Verwandlung Ihres Büros perfekt: Schaffen Sie die Illusion üppiger, lustvoll wuchernder tropischer Vegetation! Streichen Sie hierzu Ihr Büro in einem Grünton Ihrer Wahl, basteln Sie ca. einhundert Blumen-Puschelstifte und verteilen Sie sie überall im Raum.

Das sagt der Coach

Grün ist die Hoffnung, Grün beruhigt die Nerven.
Pflanzen ganz allgemein sorgen für ein größeres Wohlbefinden, besonders wenn sie an die prachtvolle Vegetation
der Tropen erinnern. Das weiß jedes Kind. Leider nehmen
wir uns diese Erkenntnis nur allzu selten zu Herzen.
Lasst Blumen in euer Herz!

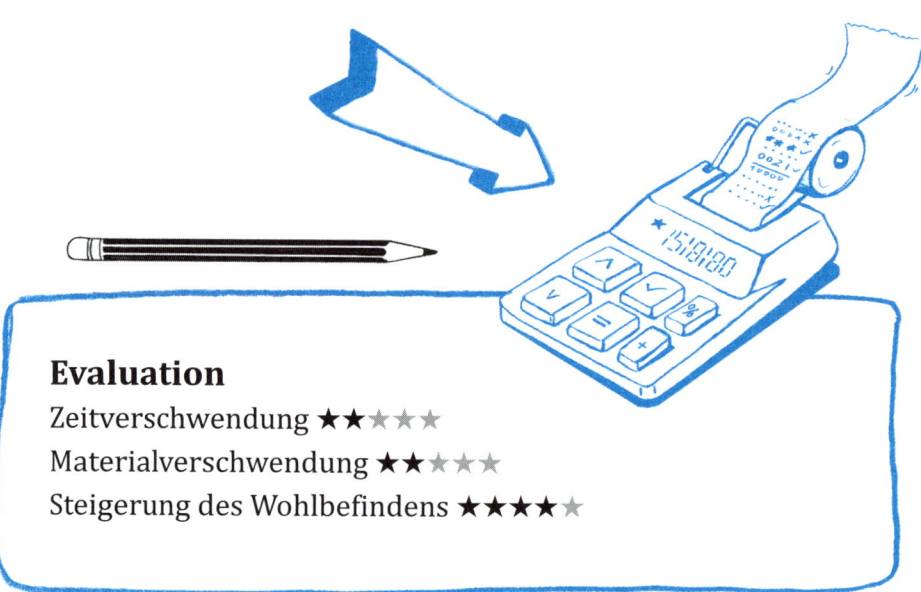

Evaluation
Zeitverschwendung ★★☆☆☆
Materialverschwendung ★★☆☆☆
Steigerung des Wohlbefindens ★★★★☆

14. Ihr neuer Schatz

Kaffeeuntersetzer »Herr der Ringe«

Sie wollen ihn, Sie brauchen ihn, Sie müssen ihn haben – den Schatz! Lange, lange Zeit musste er als schnödes Schwammtuch in der unansehnlichen Kaffeeküche des Firmenherrschers sein Dasein fristen. Er musste zusehen, wie seine Gefährten Stück für Stück aus der gemeinsamen Behausung gerissen und zu grausamen Reinigungsritualen in den Händen der Bürosklaven missbraucht wurden.

Doch nun ist seine Zeit gekommen. Nun werden Sie ihm zu seiner wahren Berufung verhelfen und ihn dadurch für alle Ewigkeit an sich binden – als energiespendenden Quell der Schönheit auf dem Thron Ihres Schreibtischs, als saugstarkes Fundament Ihres täglichen schwarz-bitteren Zauberelixiers mit dem verheißungsvollen Namen »Kaffee«, das Tag für Tag neue Ringe auf der Tischplatte hinterlässt.

Von nah und fern werden sie in Ihr Büro strömen, um zu sehen, wie Ihr Schatz Ihr Büro in vollkommenem Glanz erstrahlen lässt. Doch Vorsicht – nicht dass er Ihnen geklaut wird! Es könnte Jahre dauern und unschätzbare Mühen nach sich ziehen, ihn zurückzuerobern ...

Das brauchen Sie:

☞ 1 Schwammtuch
☞ 1 Musterbeutelklammer
☞ 1 schwarzen Folienstift
☞ Tipp-Ex
☞ Schere

So geht's

Aus dem Schwammtuch einen Kreis schneiden, der im Durchmesser ca. 1–2 cm größer ist als eine Tassenunterseite. In die Mitte des Untersetzers eine Musterbeutelklammer stecken. Nun mit Folienstift zacken- und wellenförmige Muster und Verzierungen aufmalen. Den inneren Zackenrand sowie den äußeren Wellenrand mit Tipp-Ex bepinseln.

Tipp: Probieren Sie auch unser Scandinavian Design: ein paar hübsch angeordnete Tropfen. Falls mal was daneben geht, fällt es gar nicht weiter auf.

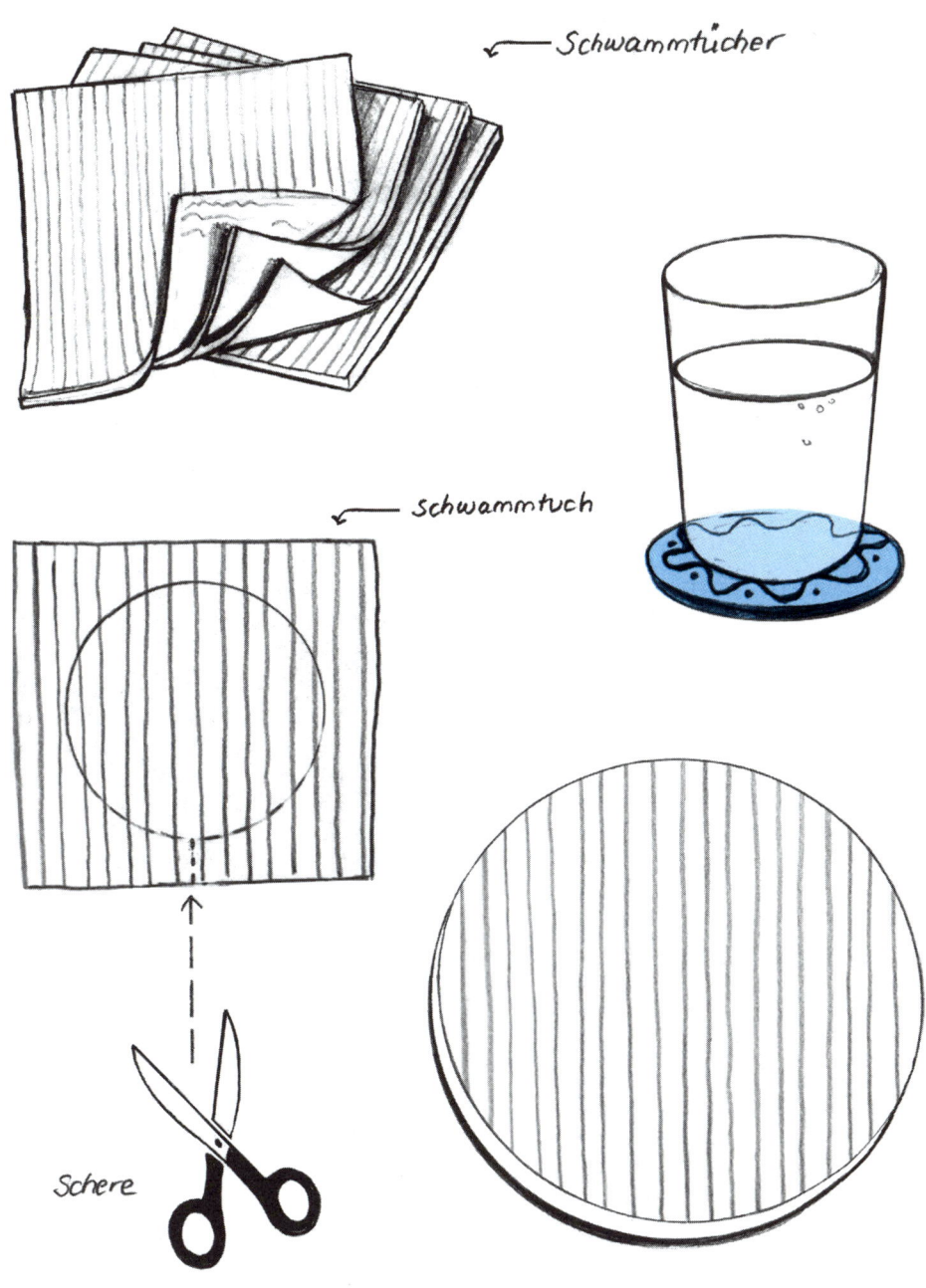

Schwammtücher

schwammtuch

Schere

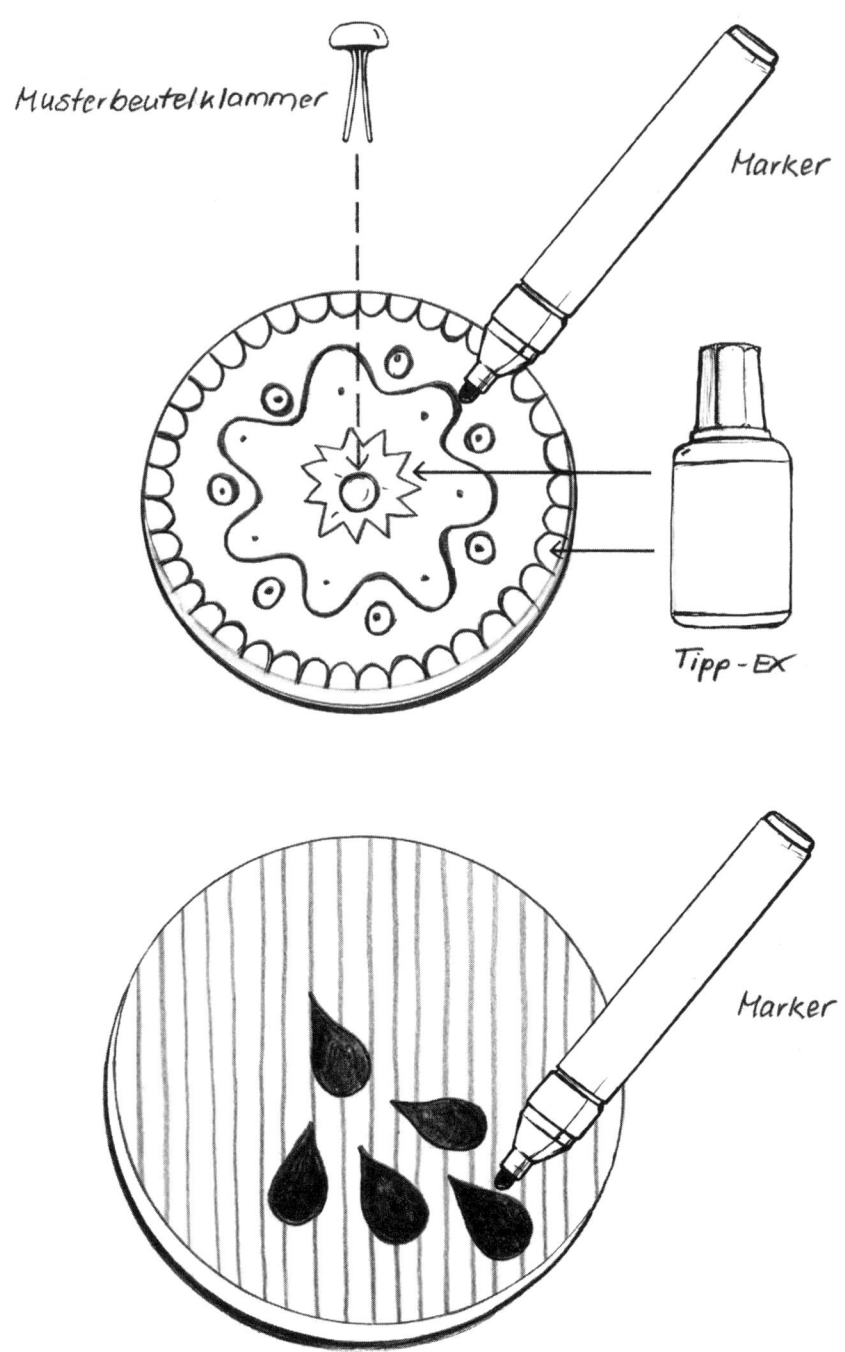

Musterbeutelklammer

Marker

Tipp-EX

Marker

Wieso nur einem einzigen Schatz zu seiner Bestimmung verhelfen? Wir sind uns sicher: Es warten noch viele weitere Schwammtücher in der Büroküche darauf, gerettet zu werden. Befreien Sie so viele davon, wie Sie nur können! Verhelfen Sie ihnen behutsam zu ihrem neuen Äußeren. Seien Sie großzügig und beschenken Sie Ihre Kollegen. Es ist so leicht, Schlachten mit Kollegen-Orks vorzubeugen! Denn wie man in den Wald hineinruft, so schallt es bekanntlich auch heraus.

Das sagt der Coach

Ganz schön bekloppt! Bitten Sie einen Kollegen, Sie ab und zu mal zu zwicken, damit Sie aus Ihrem Fantasy-Traum wieder aufwachen.

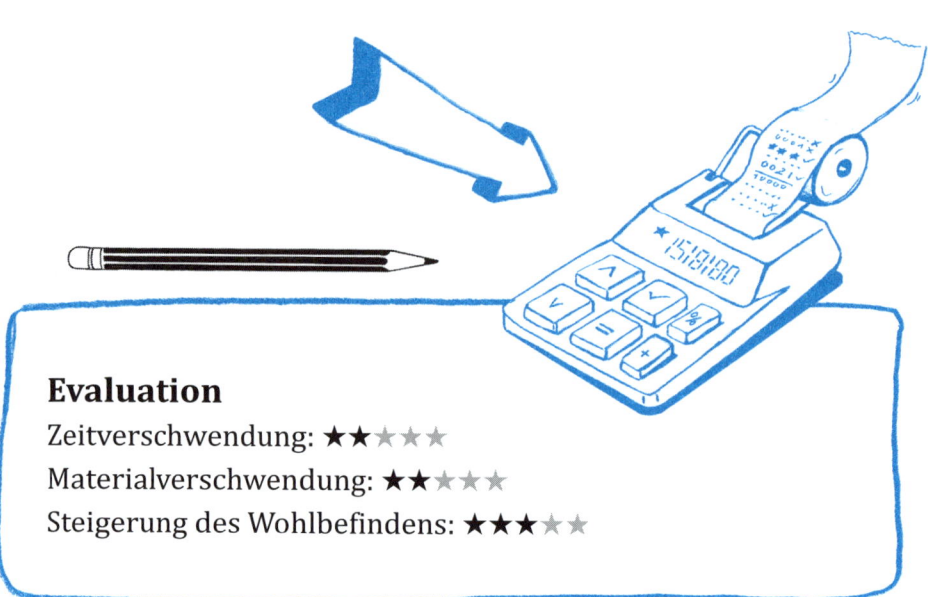

Evaluation

Zeitverschwendung: ★★☆☆☆
Materialverschwendung: ★★☆☆☆
Steigerung des Wohlbefindens: ★★★☆☆

15. Mach ihn lang

Hampelmann »Hanswurst«

Im Grunde ist Ihr Chef doch ein armer Wicht. Auf seinen Schultern lastet die Verantwortung für den (Miss-) Erfolg eines Haufens unmotivierter und unberechenbarer Angestellter, die ganz genau wissen, dass für das Gehalt am Monatsende lediglich ihre Präsenz erforderlich ist. Regelmäßig wird Ihr Chef vor die Geschäftsführung zitiert, um für die Unzulänglichkeiten seines Trupps geradezustehen – und wird weder von den Oberen noch von den Unteren gelobt oder auch nur gemocht. Er sitzt zwischen allen Stühlen und muss auch noch an sieben Tagen der Woche 24 Stunden erreichbar sein. Seine Familie beschwert sich, weil er nie da ist. Sein Immunsystem befindet sich chronisch im Alarmzustand, und das Herz ist stressbedingt aus dem Takt geraten. Was nützt da noch der Fuhrpark in der Doppel- oder Triplegarage? Wo der doch regelmäßig ohnehin nur von seinem kolumbianischen Ausfahrer genossen wird – beim »Bewegen«, damit die Dinger nicht einrosten.

Führen Sie sich das vor Augen, wenn Ihnen nach dem nächsten Jour fixe mit Ihrem Chef mal wieder die Halsschlagader zu reißen droht. Der Hampelmann »Hanswurst« an Ihrer Bürotür sorgt dafür, dass Sie nicht vergessen, wer er in Wirklichkeit ist:

Ich bin der kleine Hampelmann, der Arm und Bein bewegen kann,
mal links, mal rechts, mal auf, mal ab und immer klipp und klapp.
Man hängt mich oben an die Wand, man zieht an einem langen Band,
mal links, mal rechts, mal auf, mal ab und immer klipp und klapp.

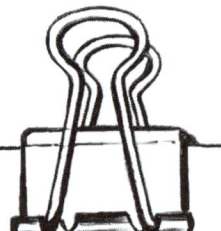

Das brauchen Sie:

☞ schönes Papier
☞ Karton
☞ 1 Porträt Ihres Chefs
☞ 6 Musterbeutelklammern
☞ 1 schwarzen Buntstift
☞ Locher
☞ Paketschnur
☞ Schere

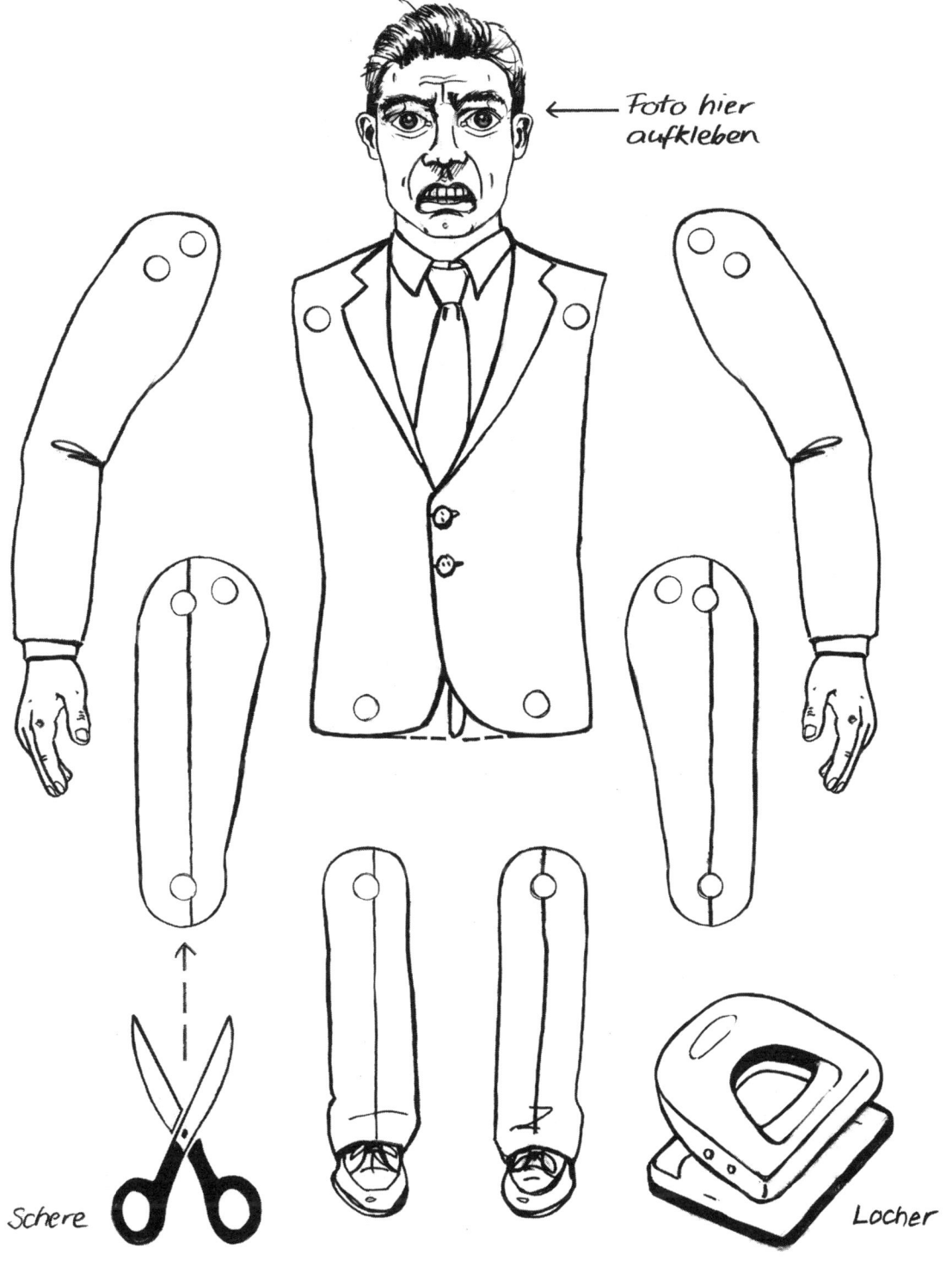

Foto hier
aufkleben

Schere

Locher

Kopiervorlage

So geht's

Zunächst die abgebildeten sieben Glieder des Hampelmanns vergrößert auf Papier kopieren, selbiges auf den Karton kleben. Dann alle Glieder ausschneiden und an den vorgezeichneten Stellen lochen. Körperteile mithilfe der Musterbeutelklammern wie dargestellt verbinden.

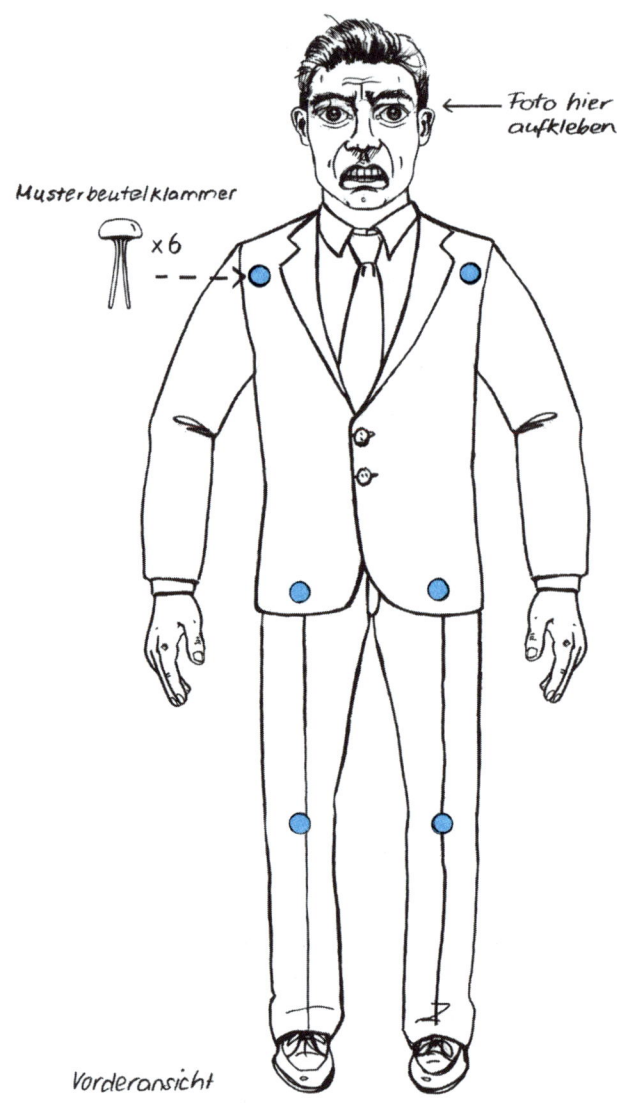

Foto hier aufkleben

Musterbeutelklammer ×6

Vorderansicht

Danach die oberen Löcher beider Arme mit der Paketschnur verbinden und zusammenknoten; die oberen Löcher beider Beine gleichermaßen verbinden und verknoten. Beide Schnüre in der Schlaufenmitte mit einer weiteren Schnur längs verbinden.

Zuletzt den Hampelmann nach Gusto bemalen und das Foto des Chefs aufkleben.

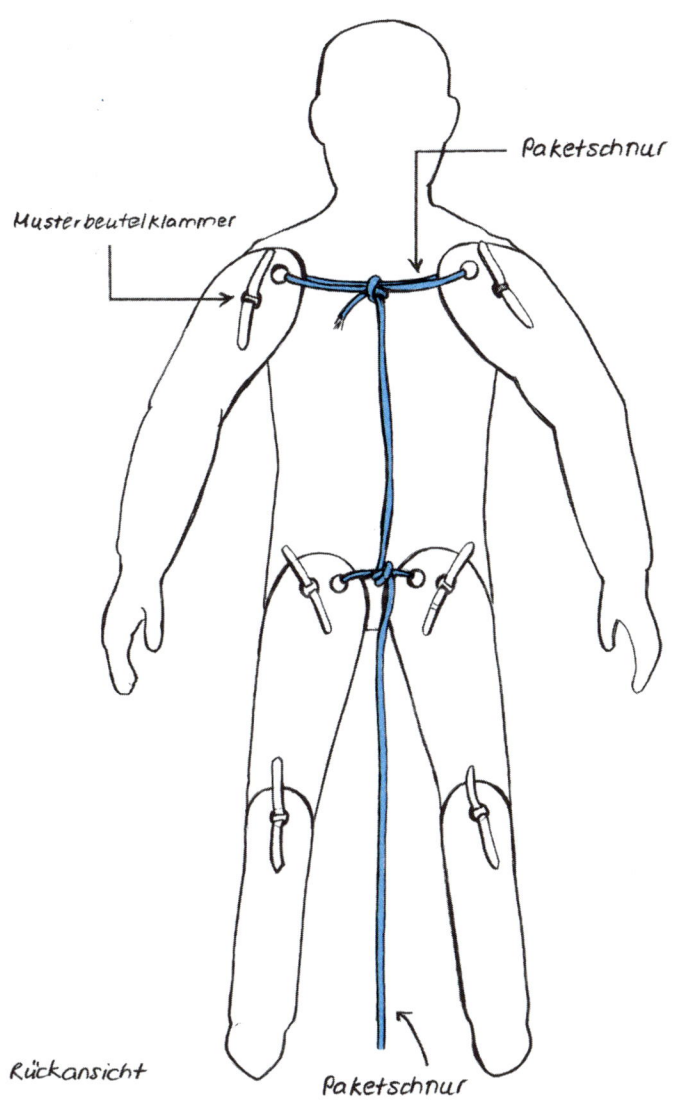

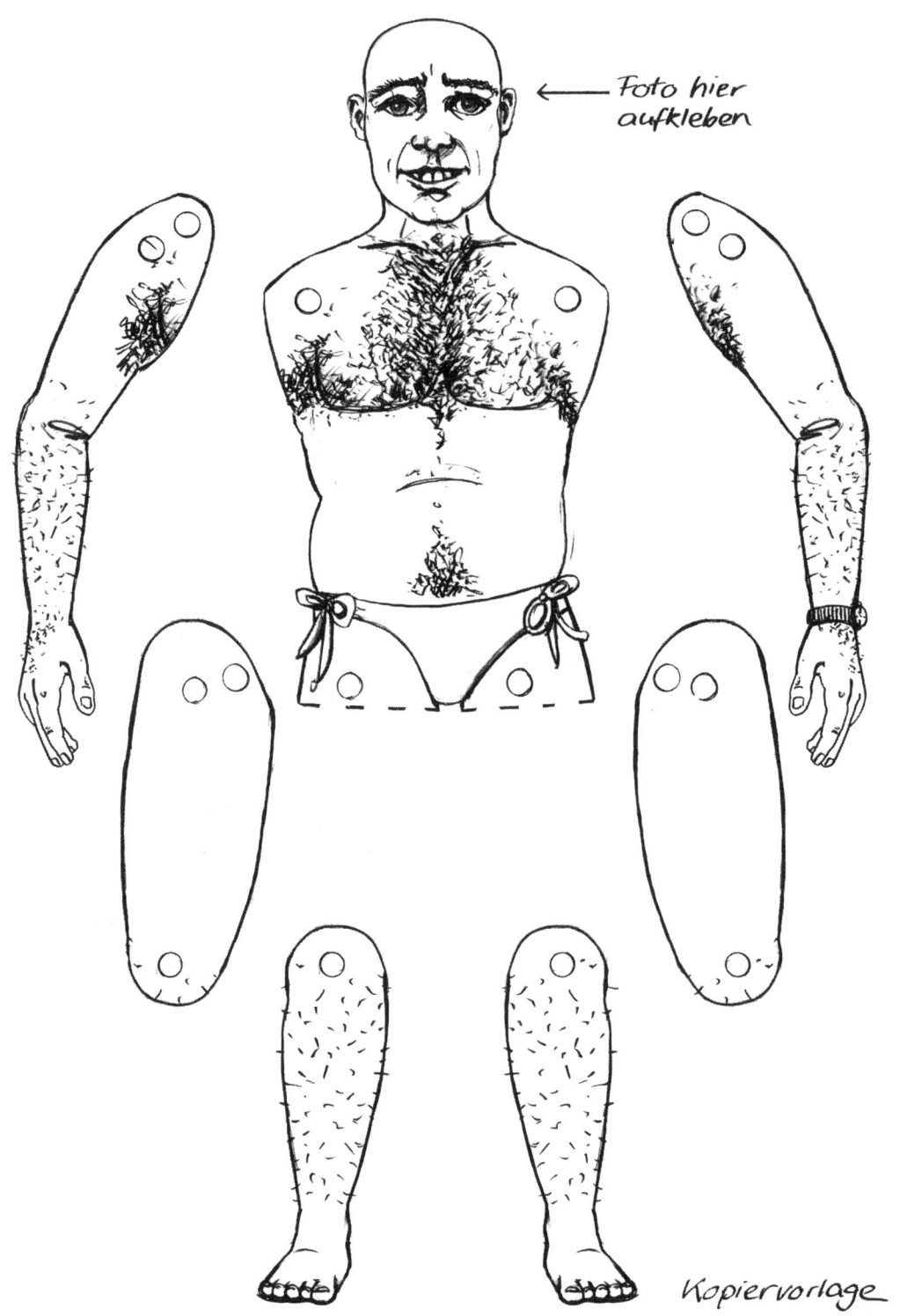

Foto hier
aufkleben

Kopiervorlage

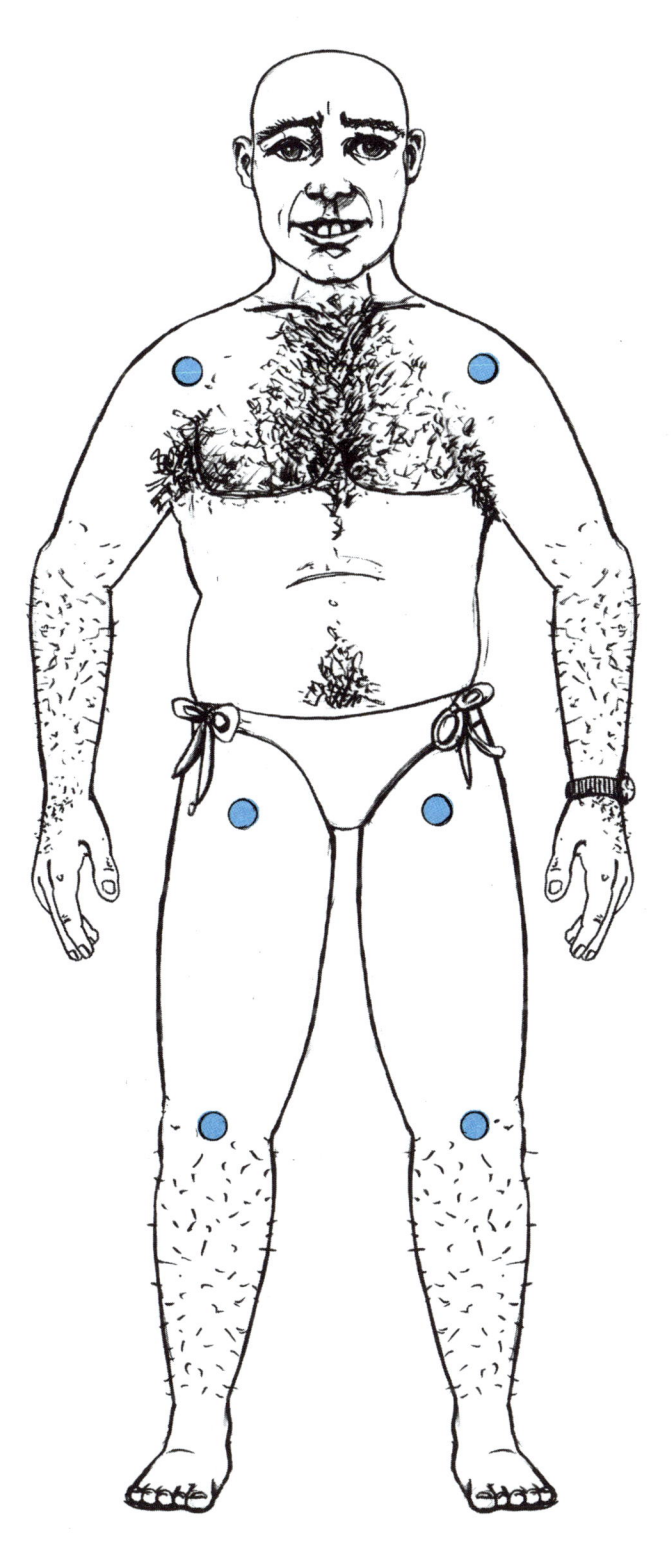

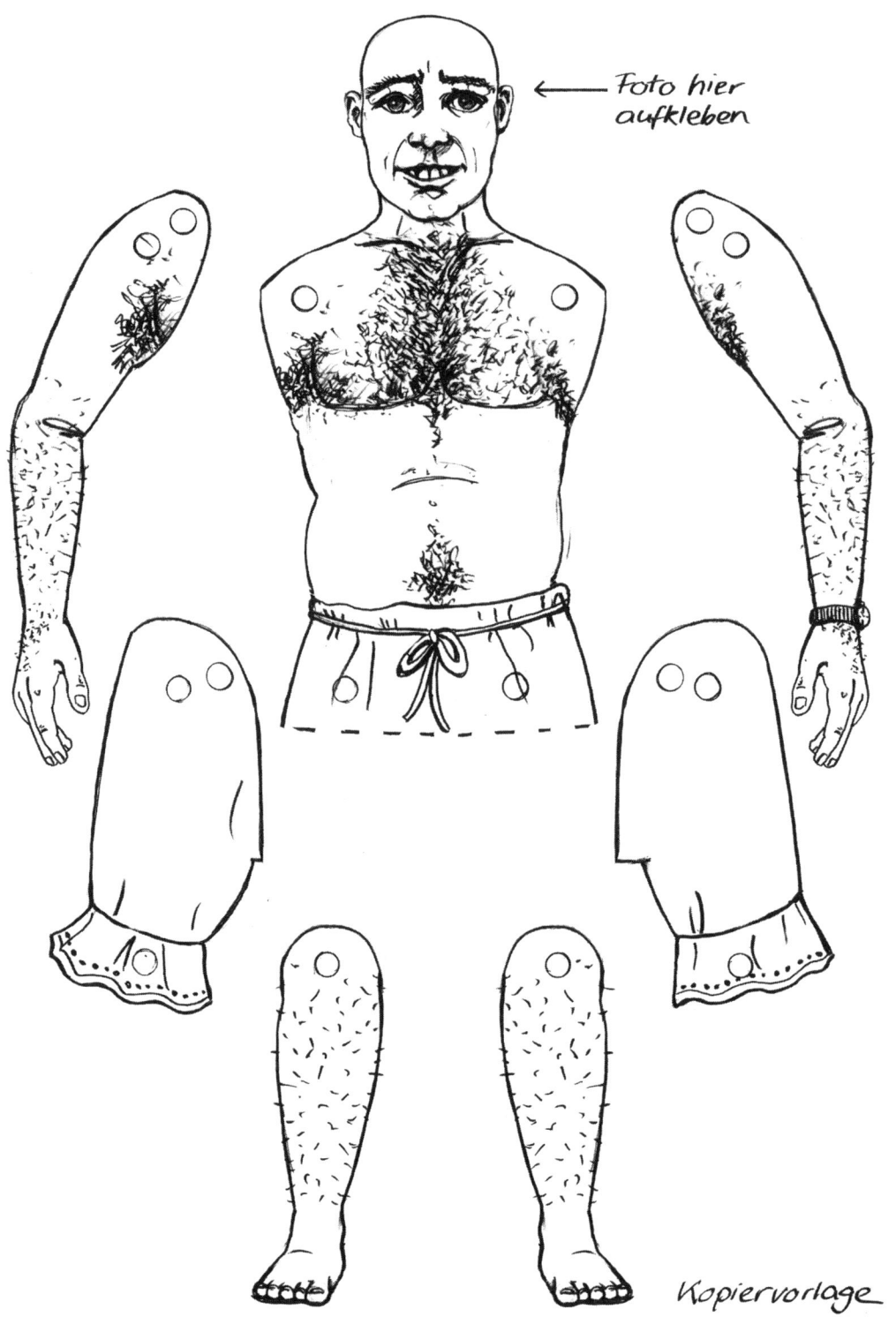

Foto hier
aufkleben

Kopiervorlage

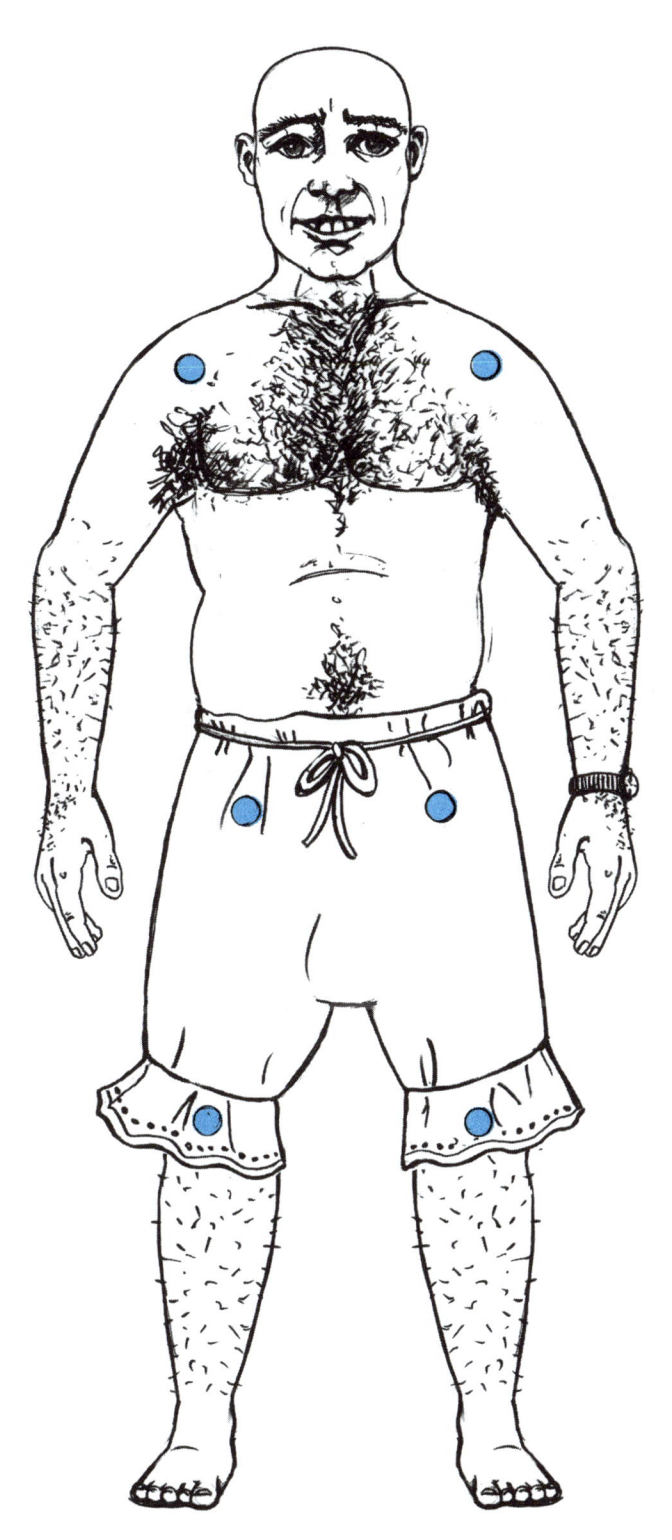

Wieso sollte dieses hanswurstige Musterbild nur Ihnen einen Dienst erweisen? Und wieso so harmlos daherkommen? Fertigen Sie einen extragroßen Hampelmann, kleiden Sie ihn mit einem Nichts zarter Damenunterwäsche und hängen Sie ihn gut sichtbar für alle ins Treppenhaus.

Das sagt der Coach

In der Tat ist beinahe jeder Büroangestellte nur eine Marionette im Firmen-Kasperltheater – selbst ein leitender Angestellter und manchmal sogar der Geschäftsführer. Sich dies regelmäßig ins Gedächtnis zu rufen tut gut und steigert nicht nur die Leidensfähigkeit, sondern hilft überdies bei der Verweigerung, in diesem Theater mitzuspielen. Entspannen Sie sich. Und proben Sie von Zeit zu Zeit auch mal den Aufstand.

Evaluation

Zeitverschwendung: ★★★★☆

Materialverschwendung: ★★★☆☆

Steigerung des Wohlbefindens: ★★★☆☆

16. Gut aussehen ist halb gewonnen

Gehaltsverhandlungs-Outfit
»Lass die Scheinchen rascheln«

Es ist das Grauen eines jeden Angestellten: wenn die letzte Gehaltserhöhung bereits Jahre zurückliegt und die Inflation in der Zwischenzeit mit Siebenmeilenstiefeln vorangeschritten ist; wenn Sie spitzgekriegt haben, dass die tumbe Assistentin Petra genauso viel verdient wie Sie; wenn Sie Ihrem Arbeitgeber im vergangenen Jahr eine halbe Million Euro Umsatz beschert und dafür nicht einmal einen mickrigen Bonus kassiert haben. Spätestens dann ist es Zeit für eine ordentliche Gehaltsverhandlung. Zugegebenermaßen ein zermürbendes Unterfangen. Der Chef lässt sich nur schwer überzeugen und hat naturgemäß eine ganze Palette Gegenargumente parat. Ein einziges Totschlagargument (»Die finanzielle Lage unseres Unternehmens erlaubt es mir momentan leider nicht ...«) setzt Sie augenblicklich schachmatt.

Sorgen Sie dafür, dass es nicht so weit kommt – seien Sie Ihrem Gegner einen Zug voraus, indem Sie den König von Anfang an mit Ihren unwiderstehlichsten Vorzügen in die Ecke treiben: Im eleganten Outfit »Lass die Scheinchen rascheln« blenden Sie den Gegner mit Ihrer Schönheit und Ihren bislang ungeahnten Reizen. Gehen Sie in die Offensive! Ihrem Vorgesetzten wird es die Sprache verschlagen – und er wird nicht imstande sein, Ihnen irgendeinen Wunsch abzuschlagen.

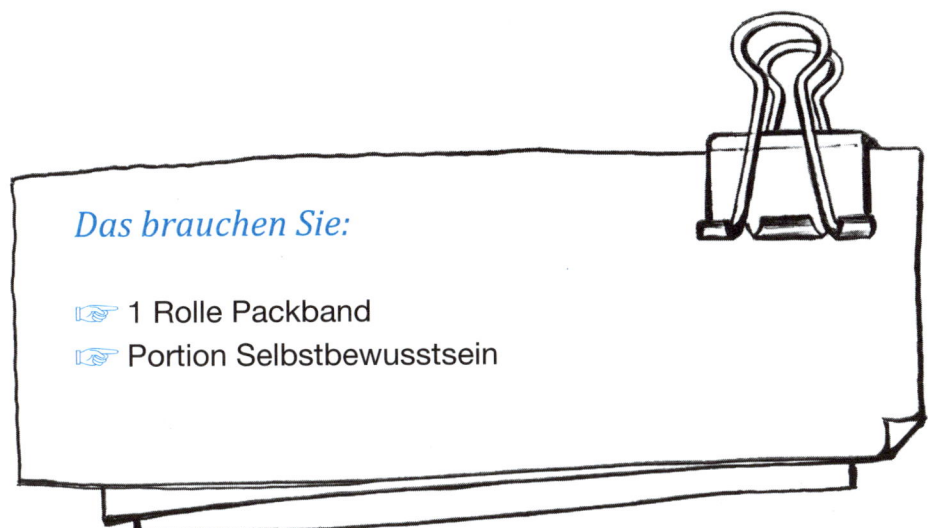

Das brauchen Sie:

☞ 1 Rolle Packband
☞ Portion Selbstbewusstsein

So geht's

Die Rolle Packband an der Taille ansetzen und das Band leicht schräg ankleben. Immer weiter und weiter nach unten wickeln, bis die gewünschte Rocklänge erreicht ist. Wenn Ihnen einfarbig zu langweilig sein sollte, wagen Sie den Preppy-Style und tragen Sie mit Edding ein Schottenmuster auf.

Tipp: Seien Sie noch verführerischer und tragen Sie den Rock auf nackter Haut. Dies hat zudem den praktischen Nebeneffekt einer behutsamen Waxing-Session.

Gaffatape/
Klebeband

Schere

Think short.

THINK BIG!

Das sagt der Coach

Frauen fällt es gerade in stark patriarchalisch geprägten Arbeitsstrukturen schwer, zu ihrer natürlichen Weiblichkeit zu stehen, geschweige denn sie gewinnbringend einzusetzen. Nun haben Sie die Chance, sich auf die Urkraft der Frau zurückzubesinnen. Die Erfahrung, sich mittels dieser Urkraft gerade in einer schwierigen und zugleich immens wichtigen Angelegenheit zu behaupten, ist äußerst heilsam.

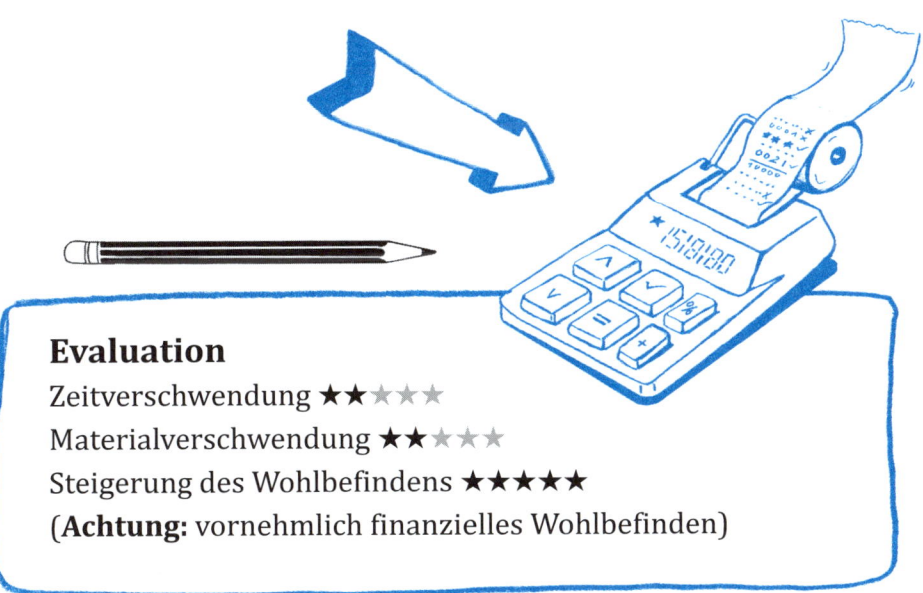

Evaluation

Zeitverschwendung ★★☆☆☆
Materialverschwendung ★★☆☆☆
Steigerung des Wohlbefindens ★★★★★
(**Achtung:** vornehmlich finanzielles Wohlbefinden)

17. Papierfalten am Morgen vertreibt Kummer und Sorgen

Origami-Ente »Fukushima«

Ja, so ein Morgen im Büro kann ganz schön düster sein. Nicht nur der berühmte Montagmorgen. Während Sie den Flur entlangschlurfen, ist aus den anderen Büros kaum ein Mucks zu hören. Ganz zu schweigen von einem zarten Lachen. Die Nacht war kurz, der Tag hat viel zu früh begonnen, Ihre Abwehrkräfte sind entsprechend schwach. Dazu der trostlose Himmel draußen. Sie betreten Ihr karges Zimmerchen, hängen Ihren Mantel, den Sie längst in die Altkleidersammlung hätten geben sollen, in den Schrank und lassen sich in Ihren nur mäßig bequemen Bürostuhl fallen. Ihr Blick fällt sofort auf den verdächtigen Umschlag auf dem Schreibtisch. »Vertraulich«, steht darauf. Oh, schön, die Firma steckt in Schwierigkeiten und kürzt Ihren Monatslohn um 5 Prozent. Bingo!

Jetzt gilt es, tief durchzuatmen und sich einer Tätigkeit zuzuwenden, die Freud und Elend wieder in Balance bringt – widmen Sie sich der jahrtausendalten Kunst des Origami! Und schädigen Sie ganz nebenbei die Firma, die Sie um Ihren gerechten Lohn bringen will.

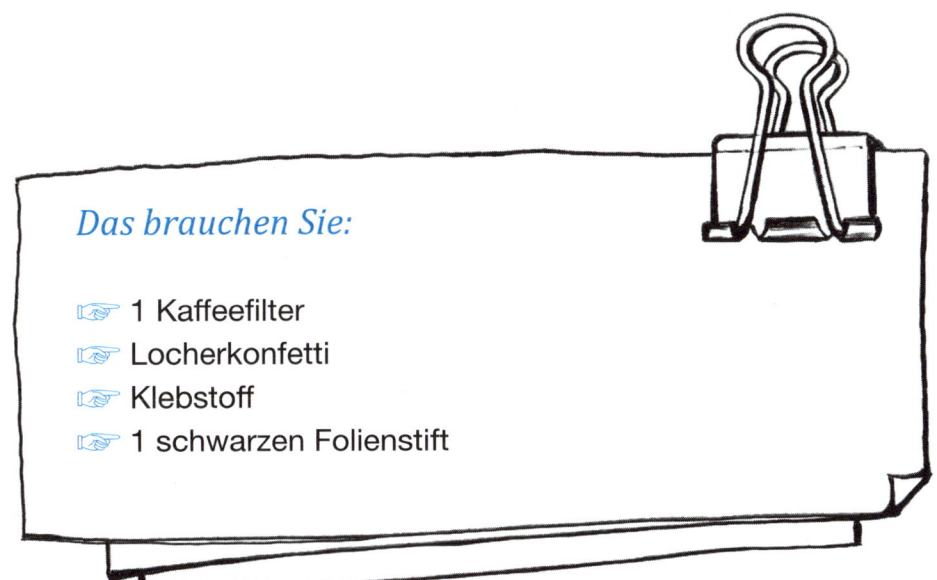

Das brauchen Sie:

☞ 1 Kaffeefilter
☞ Locherkonfetti
☞ Klebstoff
☞ 1 schwarzen Folienstift

So geht's

Den Kaffeefilter zu einer Ente falten.
Locherkonfetti als Augen aufkleben und mit einem schwarzen Punkt komplettieren.

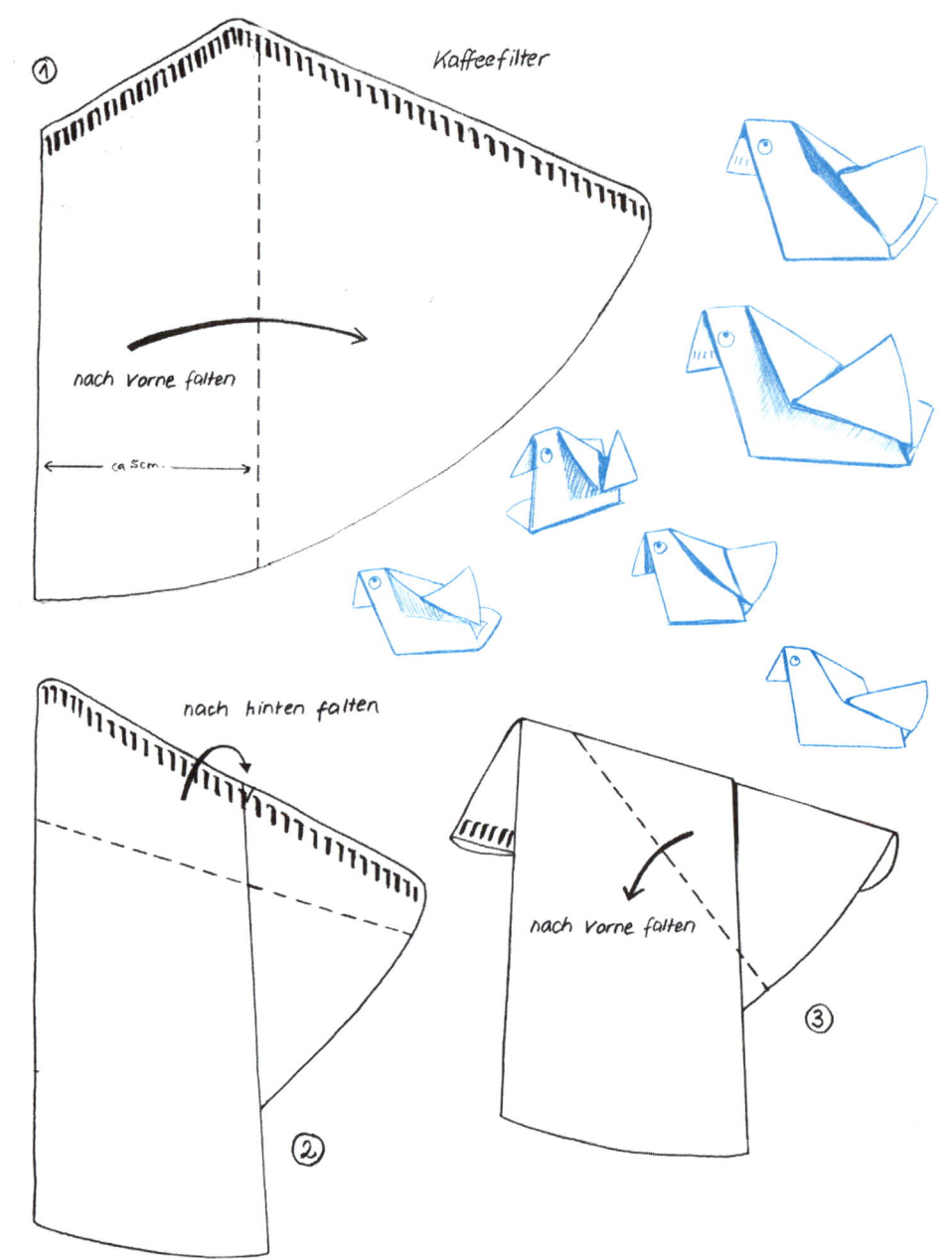

① Kaffeefilter

nach vorne falten

ca 5cm.

nach hinten falten

②

nach Vorne falten

③

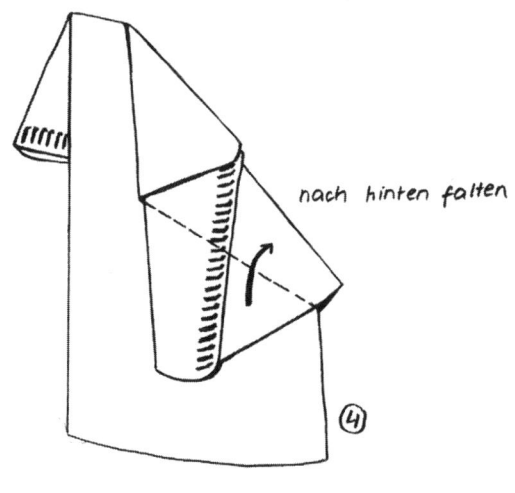

nach hinten falten

④

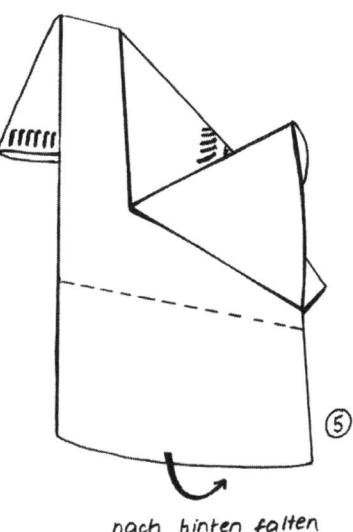

⑤

nach hinten falten

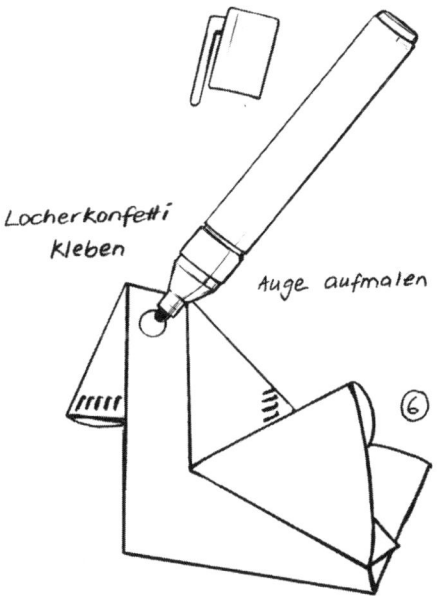

Locherkonfetti
kleben

Auge aufmalen

⑥

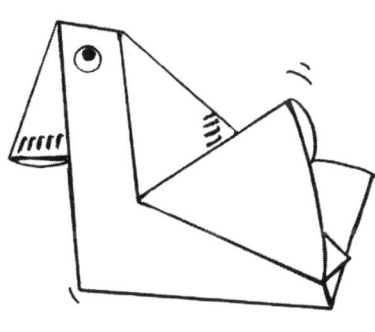

113

Einer japanischen Legende zufolge hat derjenige, der tausend Origami-Enten faltet, einen Wunsch frei. Tun Sie es. Falten Sie tausend Enten. Und dann bringen Sie sie zu den Sanitäranlagen, werfen Sie sie gesammelt in eine der Kloschüsseln. Betätigen Sie die Spülung und bringen sich schleunigst in Sicherheit vor den Wassermassen, die sich einen neuen Weg bahnen.

Das sagt der Coach

Therapeuten nutzen schon lange die konzentrations-fördernde und entspannende Wirkung des Origami. Seien Sie Ihr eigener Therapeut! Praktizieren Sie das langsame, andächtige Falten, wann immer Ihnen danach ist. Falten Sie, bis Ihre Finger wund sind. Falten Sie, bis Ihr Zimmer überquillt von Enten. Spülen Sie sie die Toilette hinunter, und dann falten Sie wieder von vorn. Falten ist Balsam für Ihre geschundene Büroseele.

Evaluation

Zeitverschwendung: ★★★☆☆

Materialverschwendung: ★★★☆☆

Steigerung des Wohlbefindens: ★★★★☆

18. Schlag dich frei

Golfplatz »Zur grünen Schreibtisch-Au«

Mmmmmh – herrlich, dieser Duft von Wald und Wiesen! Hach, diese reizvolle Umgebung! Dazu die wohltuende Bewegung und wieder und wieder dieses befreiende Abschlagen: ausholen, zurückschwingen, Ball treffen. Allein der Klang des getroffenen Balls sorgt für ein Gefühl der Zufriedenheit. Es gibt nur Sie und den Ball und den Platz. Alle Störfaktoren sind wie weggeblasen. Um Sie herum, in gebührendem Abstand, befinden sich vereinzelt ein paar höfliche, dezent gekleidete, gut aussehende Menschen. Überhaupt herrscht hier ein respektvolles, ruhiges und diszipliniertes Miteinander. So ganz anders als im Büro ...

Anders? Das muss nicht sein. Golfplatz-Ambiente ist auch in Ihrem Büro möglich: mit unserem speziell auf die Bürogegebenheiten angepassten Golfplatz »Zur grünen Schreibtisch-Au«. Pfeifen Sie auf Platzreife, schlagen Sie sich frei! Denn:

> *Golfen und Sex sind die einzigen Dinge, die man richtig*
> *genießen kann, ohne wirklich gut zu sein.*
> Anonym

So geht's

Basteln Sie zunächst einen Golfschläger aus Bleistift und Foldback-Klammer, indem Sie Letztere ans untere Bleistiftende klammern. Dann formen Sie Bälle aus Patafix und versiegeln sie mit Tipp-Ex.

Anschließend fertigen Sie den Golfplatz aus der Schreibtischunterlage: für Abschlag und Zielbereich mit dem Cutter ein kleines Loch in die Unterlage schneiden. Das Loch im Zielbereich mit einem Markierfähnchen bestücken. Nun nach Herzenslust Wasserhindernisse, Bunker (mit Kaffeepulver gefülltes Loch), Roughs (Schredderpapierhaufen) u. Ä. über den Platz verteilen.

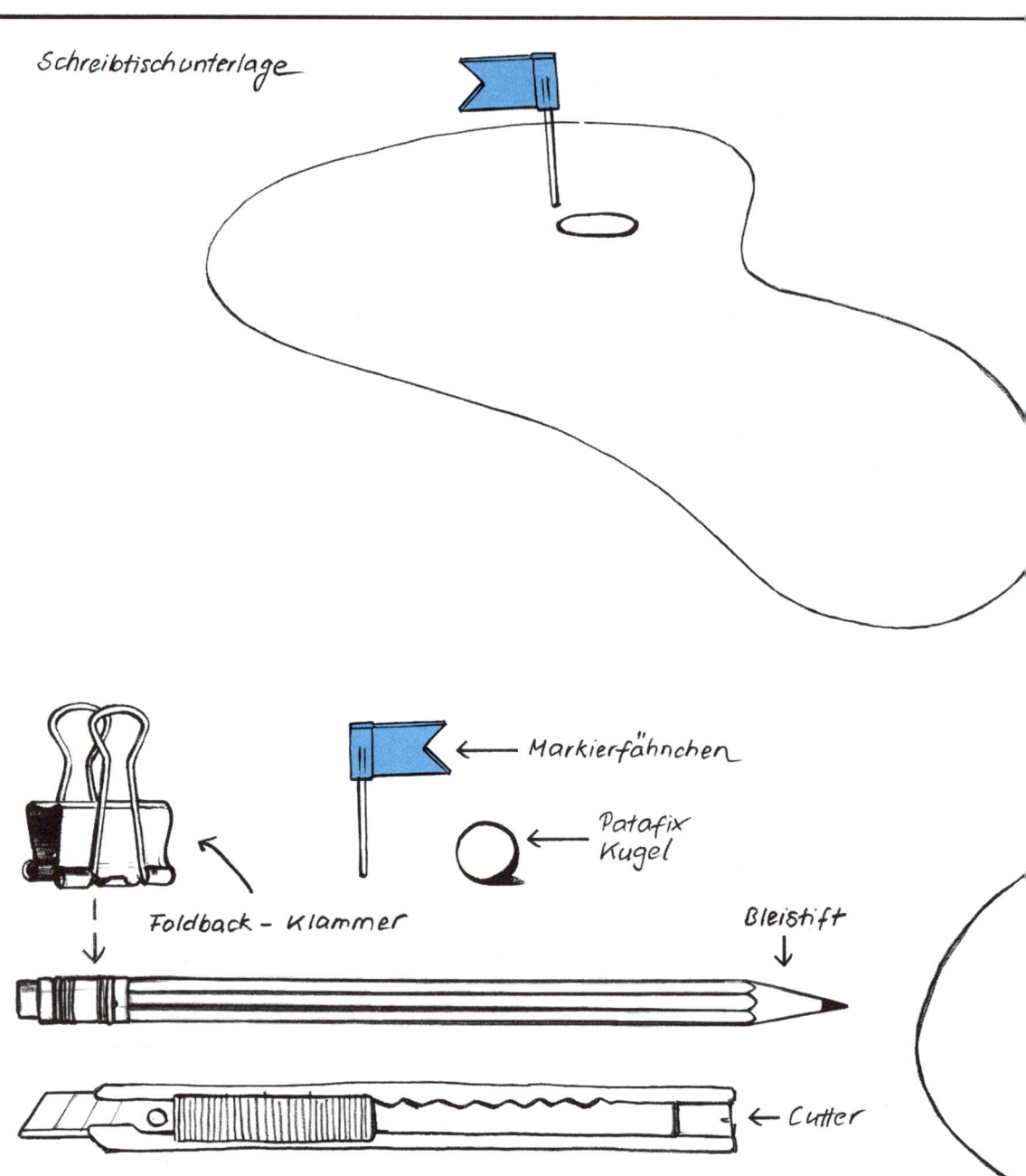

Schreibtischunterlage

Markierfähnchen

Patafix Kugel

Foldback - Klammer

Bleistift

Cutter

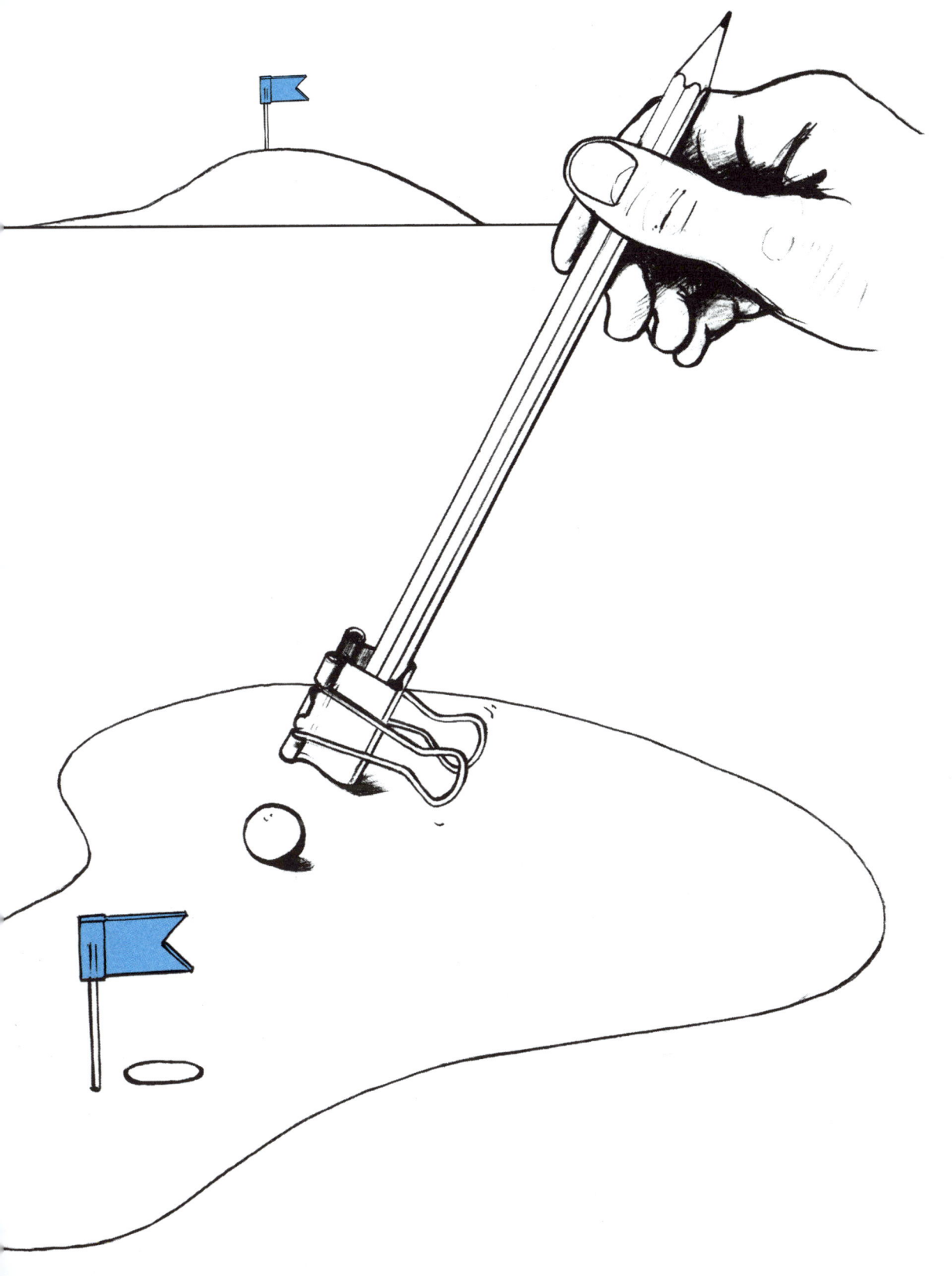

Laden Sie handverlesene Kollegen zu einem Golfturnier auf der Schreibtisch-Au! Halten Sie Erfrischungen aus dem Gästebewirtungskühlschrank bereit und lassen Sie die (natürlich ebenfalls eingeladene) Chefsekretärin auf Geschäftskosten leicht bekömmliche Häppchen vom Haus-und-Hof-Caterer ordern.

Das sagt der Coach

Sport ist normalerweise Mord – hier nicht! Sport auf der Schreibtisch-Au überanstrengt niemanden, sondern tut ausgesprochen gut. Sport auf der Schreibtisch-Au sorgt für einen freien Kopf und fördert (im Falle des vorgeschlagenen kameradschaftlichen Turniers) den Teamgeist. Hauen Sie rein und versenken Sie ihn (den Ball)!

Evaluation

Zeitverschwendung: ★★★★☆

Materialverschwendung: ★★★★☆

Steigerung des Wohlbefindens: ★★★★☆

19. Schnüffler ade

Schublade »Adrenalin«

Sie sind ein lästiges Übel der Büro-Fauna: die gebückten, hinterhältigen Schnüffler, die ihre Nasen in alles stecken, das sie rein gar nichts angeht. Leise und beinahe unsichtbar schleichen sie durch die Korridore, spitzen die Ohren, um vertrauensvolle Gespräche über die neuesten Büro-Liaisons zu belauschen. Geräuschlos platzieren Sie sich in den Ecken und Nischen der Gerüchteküche und warten auf leise Diskussionen über die jüngsten Beschwerden zum angeblichen Alkoholproblem von Frau S. Doch die niederträchtigste Disziplin dieser Nachtschattengewächse ist die Schnüffelei in den Büros der Kollegen. Kaum ist ein vielversprechendes Opfer in ein langwieriges Meeting verschwunden, wird blitzschnell in sein Büro gehuscht, die Tür unbemerkt geschlossen und – losgelegt. Welche Bücher stehen im Regal? Hat der Kollege seine Leihgaben alle zurückgebracht? Wie viele Ordner befinden sich im Schrank? Sind sie gemäß der Leitlinien beschriftet? Liegen verdächtige Schriftstücke auf dem Tisch? Hat der Trottel vielleicht sogar eine Gehaltsabrechnung offen liegen lassen? Und überhaupt, was stapelt sich hier eigentlich? Und welche Fratzen grinsen einem von den Familienfotos entgegen?

Kein Schrank, kein Ordner, keine Kiste ist vor den Schnüfflern sicher. Bieten Sie diesen rücksichtslosen Kreaturen Einhalt! Verpassen Sie ihnen einen so nachhaltigen Schock, dass sie sich nie wieder in Ihre Privatangelegenheiten einmischen – mit der Schublade »Adrenalin«!

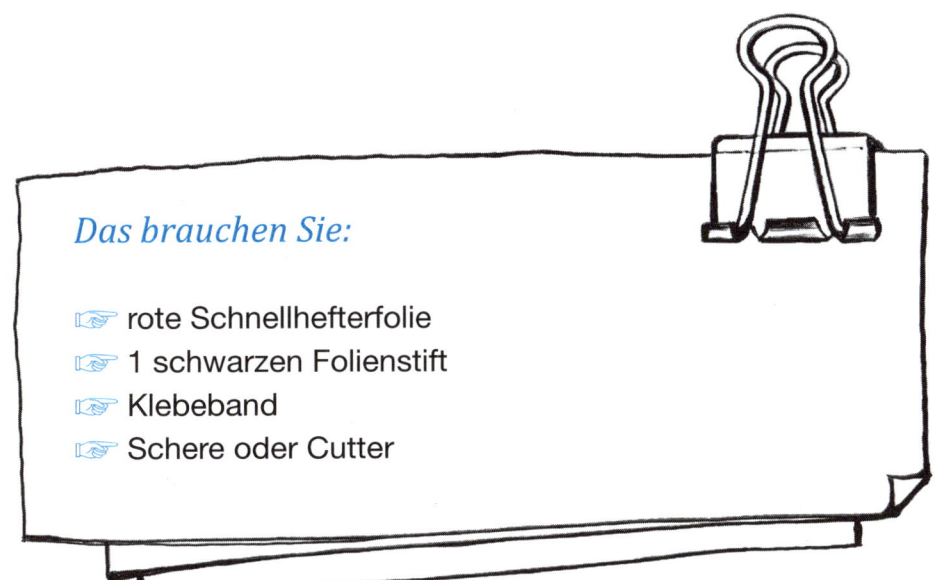

So geht's

Die komplette Rückseite des Schnellhefters herausschneiden und in der Mitte knicken. Unter den oberen Rand in großen Lettern »BUH!« schreiben. Anschließend eine Schublade ausräumen und die untere Hälfte der Folienseite so mit Klebeband am Schubladenboden befestigen, dass sich die obere, beschriftete Hälfte von innen an die Schubladenvorderseite legt. Wenn man nun die »BUH!«-Seite beim Schließen der Schublade hinunterdrückt, springt sie beim Öffnen hervor. Ach du Schreck!

Sorgen Sie nicht nur für einen ordentlichen Schock, sondern außerdem für eine nachhaltige Schmähung – schreiben Sie statt »Buh!« die folgenden Worte auf Ihre Vorrichtung: »Du bist begriffsstutzig, ineffektiv und unbeliebt!«

Das sagt der Coach

Es ist ein unheimliches, beklemmendes Gefühl, die eigene Intimsphäre im Büro bedroht zu wissen. Jeder Angestellte braucht einen sicher geschützten Bereich, in den er sich zurückziehen kann, in dem er nicht unter Beobachtung steht und das (zugegebenermaßen trügerische) Gefühl hat, sein eigener Herr zu sein. Für das Überleben im Risikogebiet Büro gibt es ansonsten keine Garantie. Es gilt deshalb, diese Intimsphäre um jeden Preis zu verteidigen – mit speziell entwickelten, perfiden Abwehrsystemen wie der Schublade »Adrenalin«.

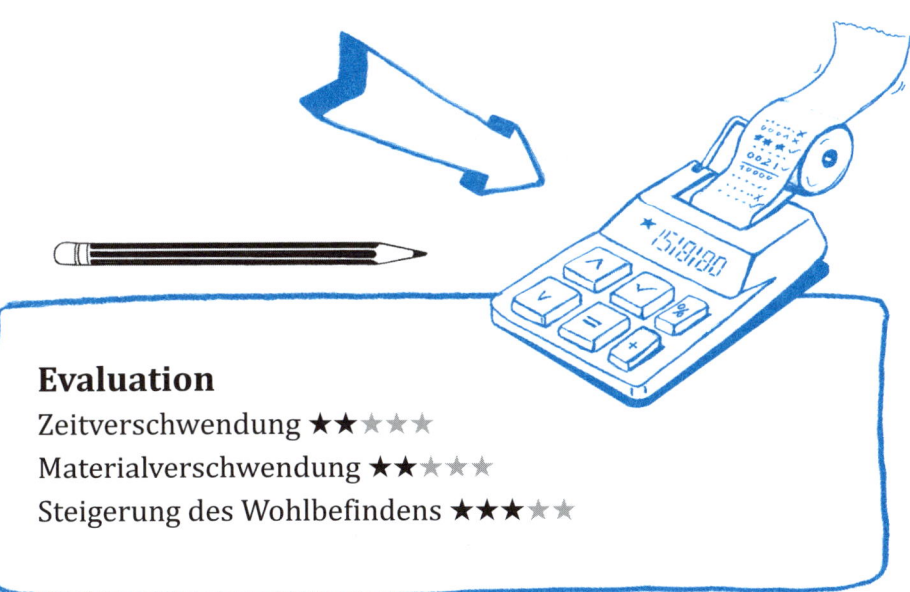

Evaluation
Zeitverschwendung ★★☆☆☆
Materialverschwendung ★★☆☆☆
Steigerung des Wohlbefindens ★★★☆☆

20. Vorne lächeln, hinten stechen

Pinnwandnadel »Summ summ subversiv«

Bienen sind arbeitsame, nützliche Tierchen, die ein gut organisiertes, genau durchgetaktetes Leben zum Wohle der Allgemeinheit führen. Sie verschlafen nie, betrinken sich nie und hören auch nie laut Musik. Mit anderen Worten: Bienen sind die Spießer des Tierreichs. Sie sind die kleinen, braven Angestellten, die tagaus, tagein für die Chefin schuften und noch mal schuften und sogar klaglos jede Menge Steuern zahlten, sofern sie denn ein Finanzamt hätten. So weit, so bekannt. Doch wer etwas genauer hinsieht, entdeckt etwas, das nicht so recht ins Bild passen will: Bienen haben einen Stachel ... Bienen *können* sich wehren, wenn sie wollen. Und sie tun es: Wenn es ihnen zu bunt wird, stechen sie zu.

Wann haben Sie das letzte Mal zugestochen? Basteln Sie sich schleunigst ein Pinnwandbienchen und denken Sie beim Kleben und Malen darüber nach. Ist es wirklich schon so lange her? Ist es nicht längst an der Zeit, sich mal wieder zu wehren? Zeit, Ihrem Chef oder einem der Kollegen einen kleinen, aber fiesen Stich zu versetzen, während Sie unbeirrt weiterlächeln?

Stecken Sie Ihre Pinnwandnadel »Summ summ subversiv« an eine gut sichtbare Stelle. Sie soll Sie immer wieder daran erinnern, dass Sie einen Stachel haben und ihn benutzen können, wenn Sie nur wollen.

Das brauchen Sie:

- ☞ 1 gelben Pin
- ☞ gelbe Schnellhefterfolie
- ☞ 1 schwarzen Folienstift
- ☞ flüssigen Klebstoff
- ☞ Schere

So geht's

Abgebildete Form aus der gelben Schnellhefterfolie ausschneiden und mit dem Klebstoff über einen gelben Pin fixieren – als Flügel. Nun mit dem Folienstift je einen schwarzen Streifen vor und hinter den Flügeln um den Bienenkörper herummalen und zu guter Letzt auf die Vorderseite des Pins mit dem Folienstift ein Gesicht zaubern.

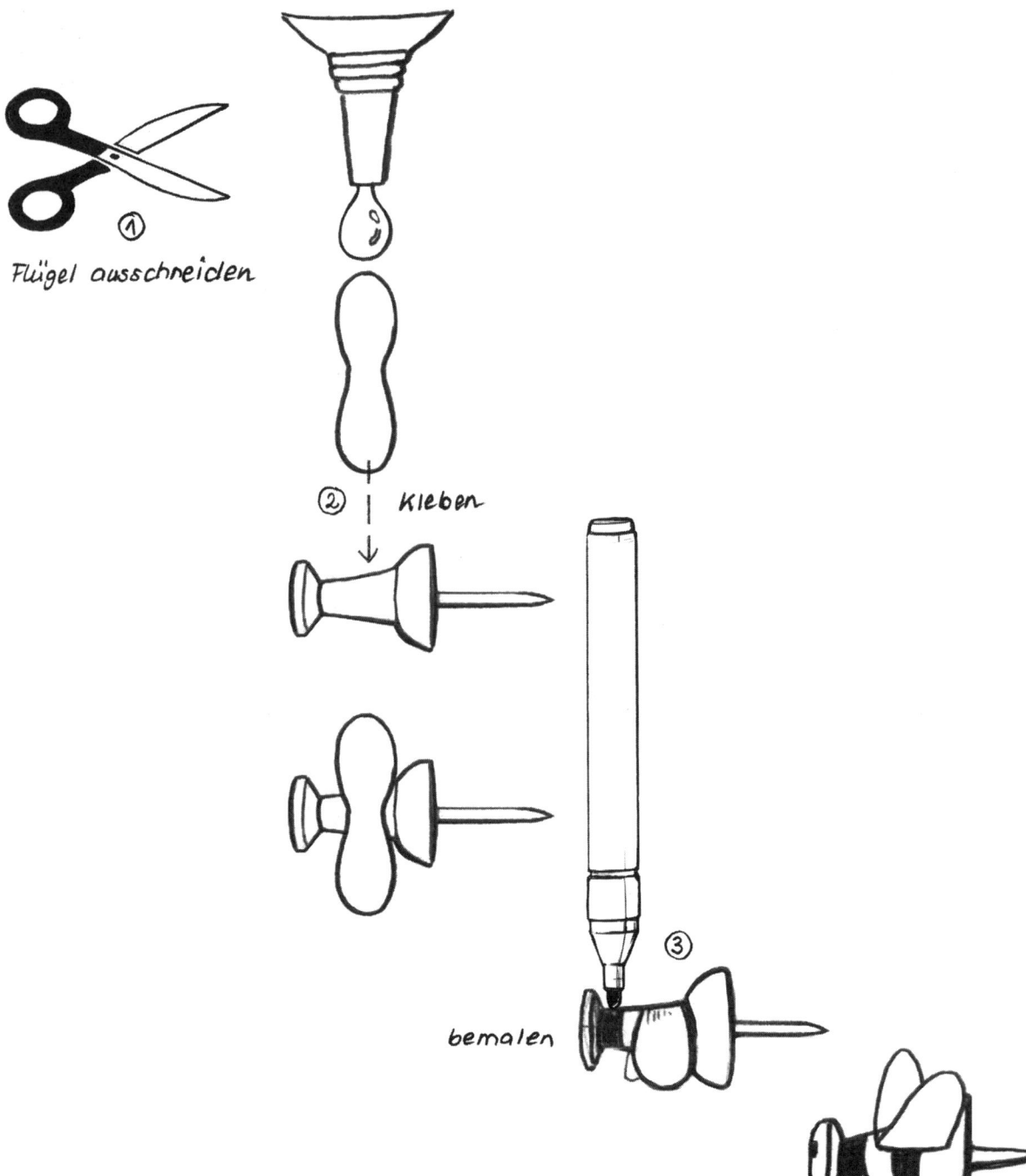

Flügel ausschneiden

① kleben

② bemalen

③

④

128

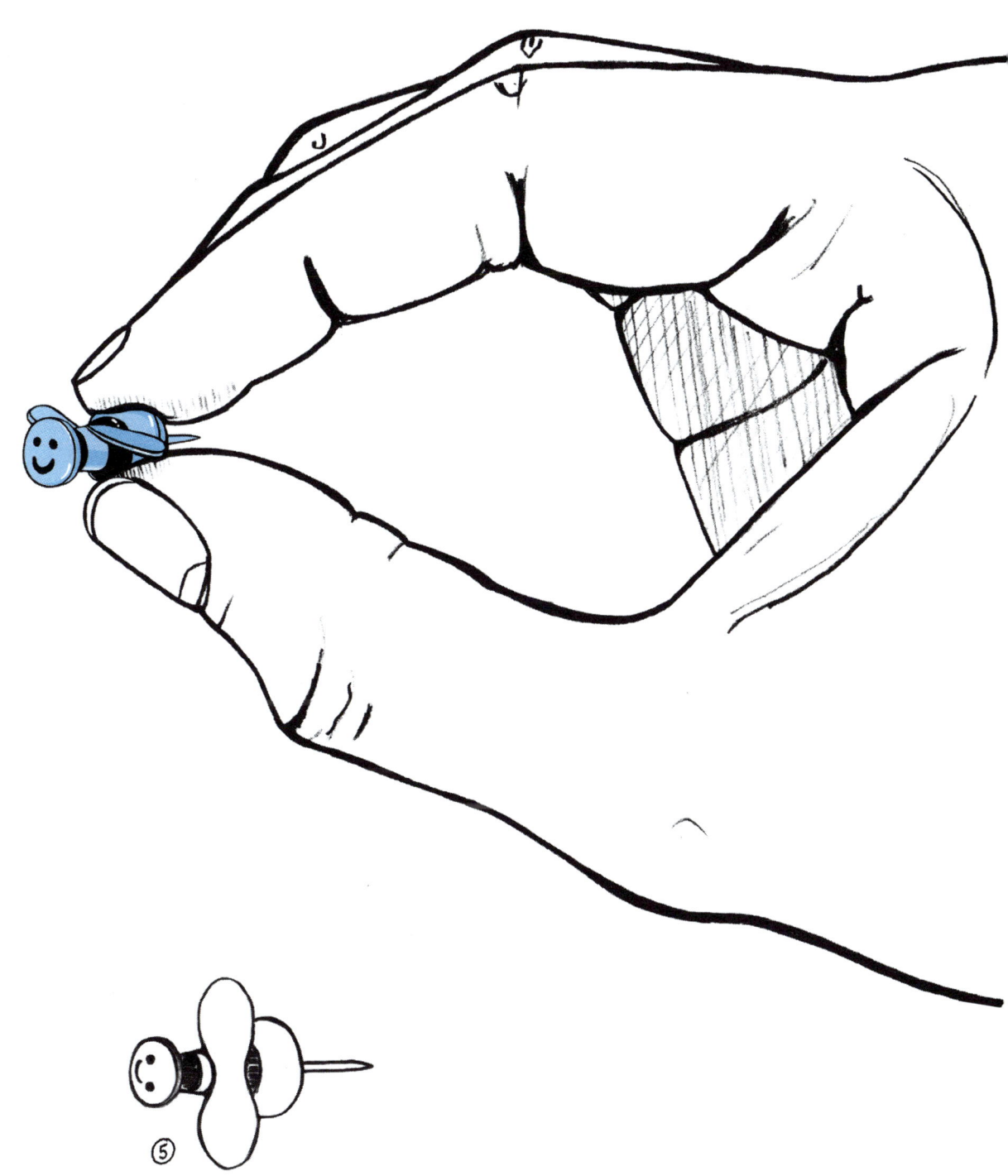

⑤

Völker, hört die Signale! Gründen Sie ein ganzes Bienenvolk und lassen Sie es ausschwärmen: ins Nachbarbüro, in die Vertriebsabteilung … Wo immer Ihr Aufruf zur Revolution gehört werden soll.

THINK BIG!

Das sagt der Coach

No risk, no fun! (Na ja gut, für diesen Satz
braucht man keinen Coach ...)

Evaluation
Zeitverschwendung ★★☆☆☆
Materialverschwendung ★☆☆☆☆
Steigerung des Wohlbefindens ★★★★☆

21. Wind of Change

Windrad »Mistral«

Nichts in der Bürowelt ist so wichtig wie Allianzen. Und nichts sichert das Überleben so nachhaltig wie die richtigen Alliierten. Leider sind Verbündete im Büro nicht annähernd so zuverlässig wie in der Weltgemeinschaft. Hier wird ein Obama schnell mal zu einem Putin, wenn es die eigene Karriere erfordert, und ein veritabler Mauerfall bahnt sich nicht immer über Monate hinweg an, sondern wird kurzerhand auf der Betriebsversammlung verkündet. Schwups, schon ist er weg, der Obermufti Ihres Vertrauens, und Sie können die ganzen in seinem Auftrag erstellten Konzepte zur Neuerfindung des Rads in die Tonne treten. Denn sein Nachfolger schickt sich an, nicht etwa das Rad neu zu erfinden, sondern die Glühbirne. Damit Ihnen das nicht passiert, müssen Sie nicht nur Augen und Ohren offen halten, sondern sollten Ihre Sinnesorgane mit zuverlässigen Messinstrumenten flankieren, um etwaige abrupte Änderungen der Windrichtung als Erster wahrzunehmen. Mithilfe des Windrads »Mistral« können Sie sich bei spontan aufziehenden Stürmen rechtzeitig in Sicherheit bringen.
Außerdem sieht es hübsch aus.

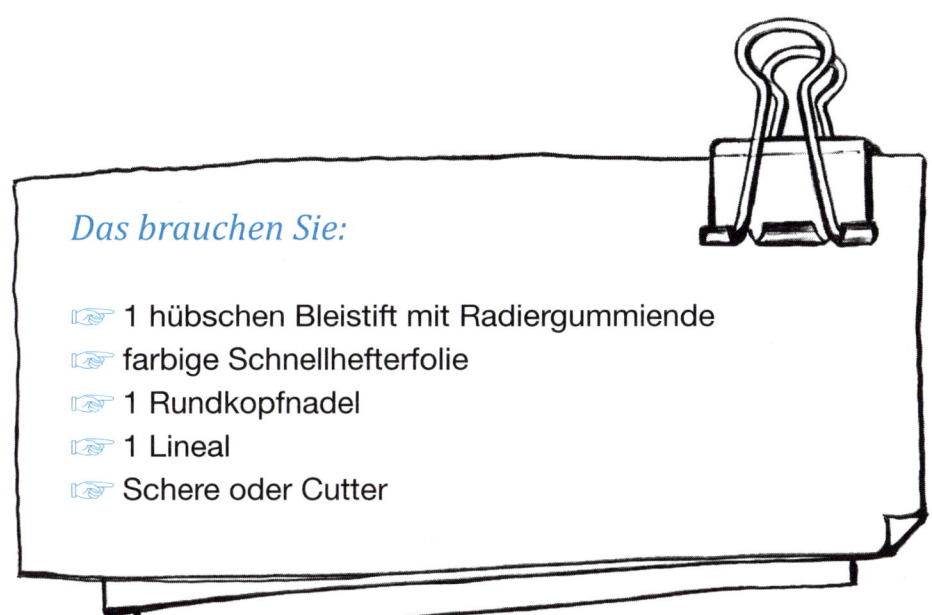

Das brauchen Sie:

☞ 1 hübschen Bleistift mit Radiergummiende
☞ farbige Schnellhefterfolie
☞ 1 Rundkopfnadel
☞ 1 Lineal
☞ Schere oder Cutter

So geht's

Beliebig großes (z. B. 15 x 15 cm) Quadrat aus der farbigen Folie ausschneiden, mithilfe eines Lineals gestrichelte Markierungen gemäß Illustration einzeichnen und die Folie entlang dieser Markierungen einschneiden. (Achtung: Nicht durch die Mitte schneiden! Ca. 1,3 cm Platz lassen!)

Nacheinander alle vier Seiten zur Mitte hin einklappen und mit der Nadel am Bleistiftgummi fixieren.

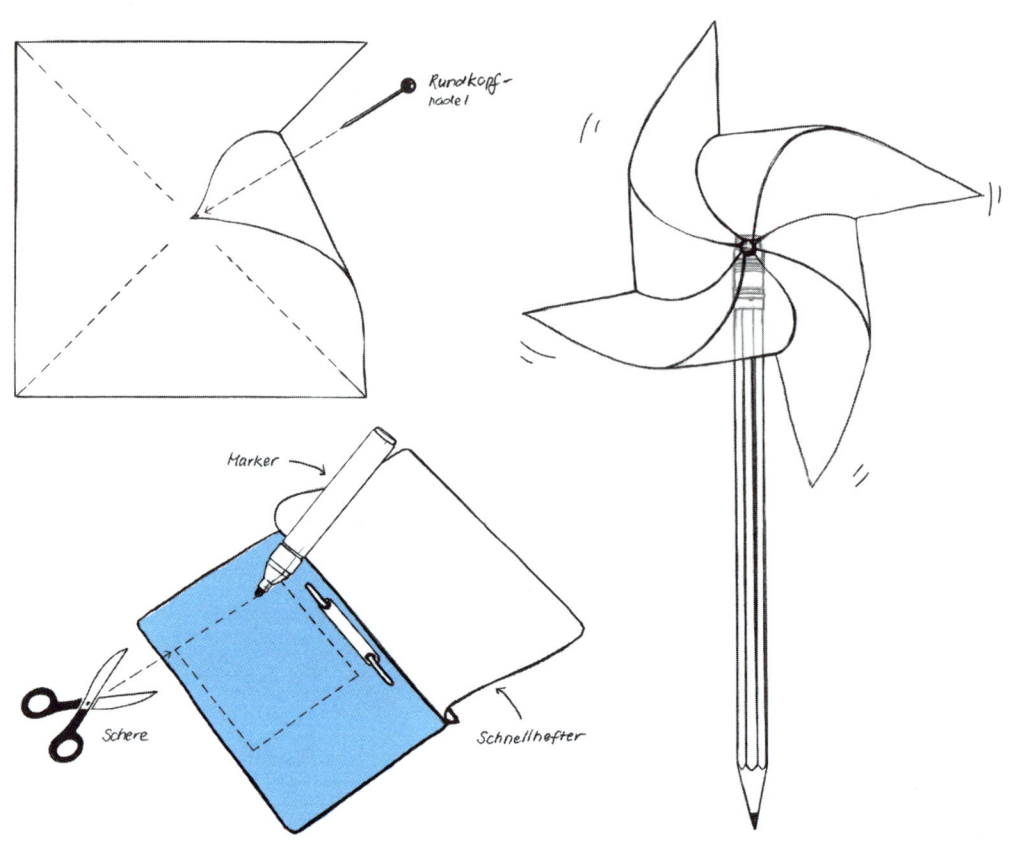

Rundkopf-nadel

Marker

Schere

Schnellhefter

THINK BIG!

Gewiss – die glänzend bunte Folie des Windrads sieht dekorativ aus. Weitaus destruktiver wirkt jedoch die Alternative aus streng vertraulichen Unterlagen. Sorgen Sie dafür, dass die sensiblen Passagen bestens lesbar auf der Oberfläche des Windrads prangen, und geben Sie in Ihrem Büro öfter mal einen aus!

Das sagt der Coach

Aufgrund der immer perfideren Tarnung sowohl der Vorgesetzten als auch der direkten Kollegen fällt es uns heutzutage zusehends schwer, sich auf die eigene Wahrnehmung zu verlassen. Dass wir uns dessen stets bewusst sind, macht es nicht besser. Innere Unruhe und nervöse Störungen sind die Folge, häufig begleitet von mangelndem Büroschlaf.

Scheuen Sie sich nicht, Hilfe in Anspruch zu nehmen. Greifen Sie zum Windrad »Mistral« – und Sie werden schon bald merken, dass Sie sich auf seine seismografischen Fähigkeiten voll und ganz verlassen können. Diese Sicherheit wird Sie im Handumdrehen von Ihren Symptomen befreien.

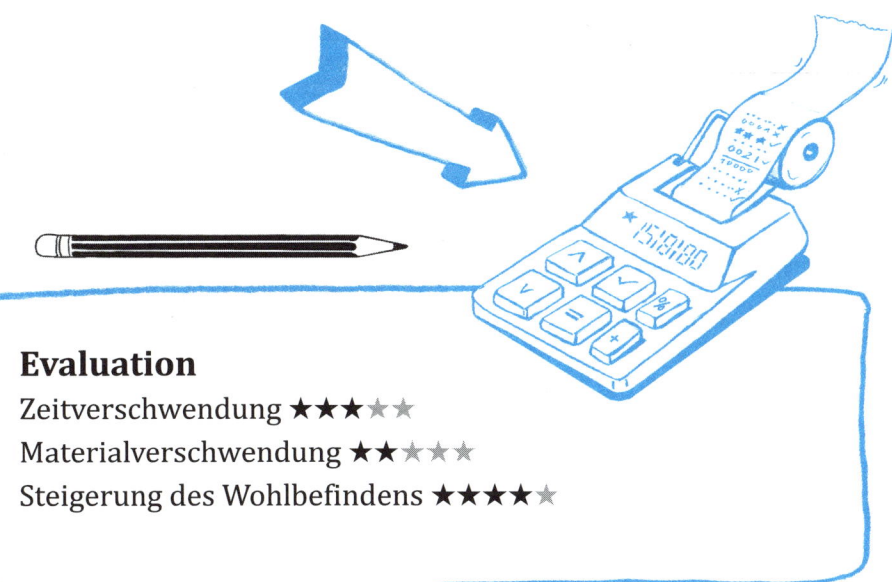

Evaluation
Zeitverschwendung ★★★☆☆
Materialverschwendung ★★☆☆☆
Steigerung des Wohlbefindens ★★★★☆

22. Büro sucht Bauer

Gewächshaus »Holland«

Sie kennen das: Das Land flieht in die Stadt. Nicht nur Menschen ziehen hordenweise in Ballungsräume; selbst Tiere kehren der Provinz den Rücken. Imker in Manhattan sind mittlerweile ebenso gegenwärtig wie erfolgreich. Und auch das Gemüse macht sich auf den Weg. Aus innerstädtischen Dächern und Brachflächen werden Gemüseplantagen, die Saisongemüse in Bioqualität liefern.

»Ich wohne in der Stadt und kann in meiner Zwei-Zimmer-Wohnung ohne Balkon leider kein Gemüse anbauen«, gilt schon lange nicht mehr als gesellschaftsfähige Ausrede dafür, dass Sie Ihr Gemüse hübsch abgepackt bei REWE kaufen. Vom modernen Großstadtmenschen erwartet man heutzutage innovative Herangehensweisen, die dem Irrsinn der europäischen Subventions- und Pestizidlandwirtschaft etwas entgegensetzen.

Unser Beitrag: das ressourcenschonende Gewächshaus »Holland« mit persönlicher Tomatenplantage für die Bürofensterbank. So haben Sie in der Mittagspause immer etwas Frisches bei der Hand und zwischen den Pausen stets eine schöne Beschäftigung (Jäten, Gießen, Rechen ...). Ja, Sie tun etwas für Ihr Image (Stichwort: Trendsetter), Ihren Geldbeutel, Ihre Gesundheit und Ihren CO_2-Fußabdruck. (Weniger Transportweg als von der Bürofensterbank bis zum Mund geht nicht.)

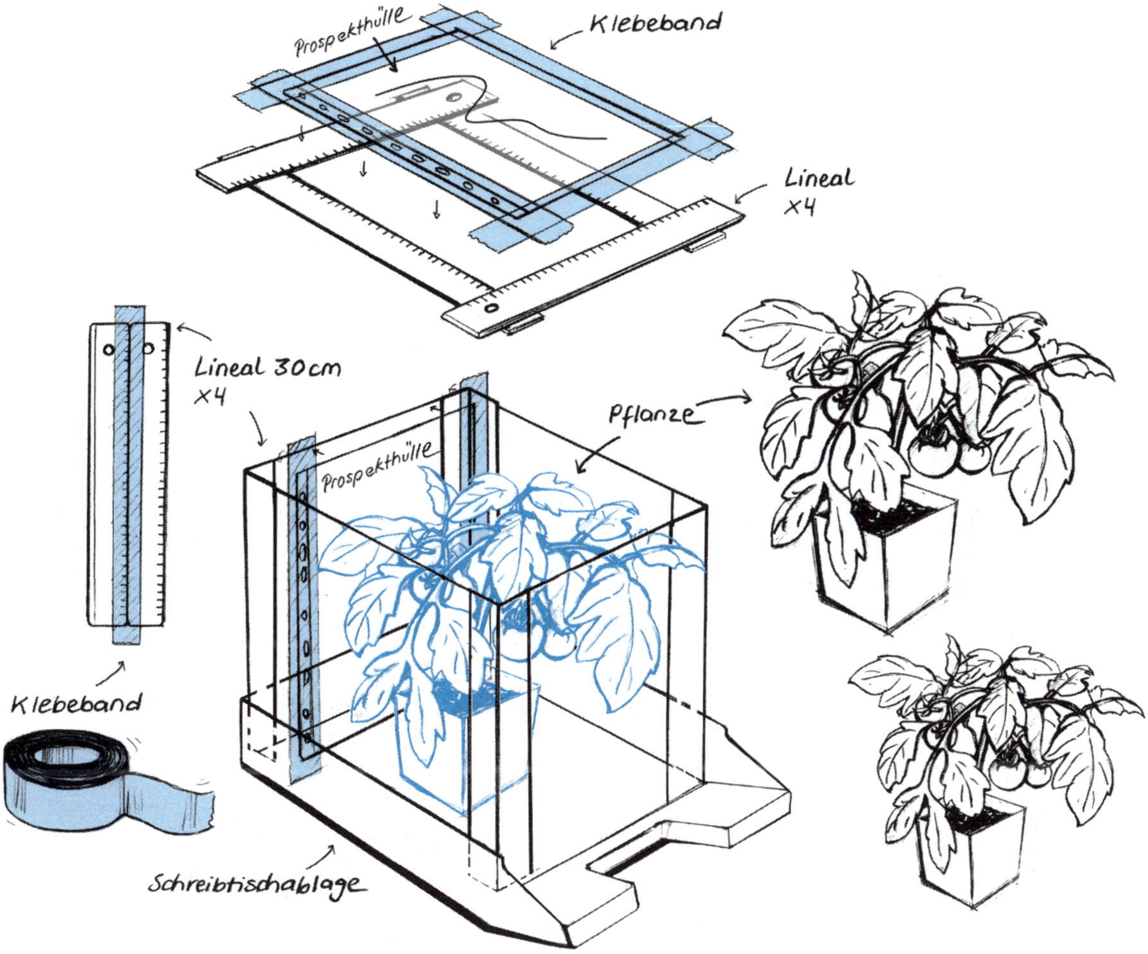

Prospekthülle

Klebeband

Lineal
x4

Lineal 30 cm
x4

Prospekthülle

Pflanze

Klebeband

Schreibtischablage

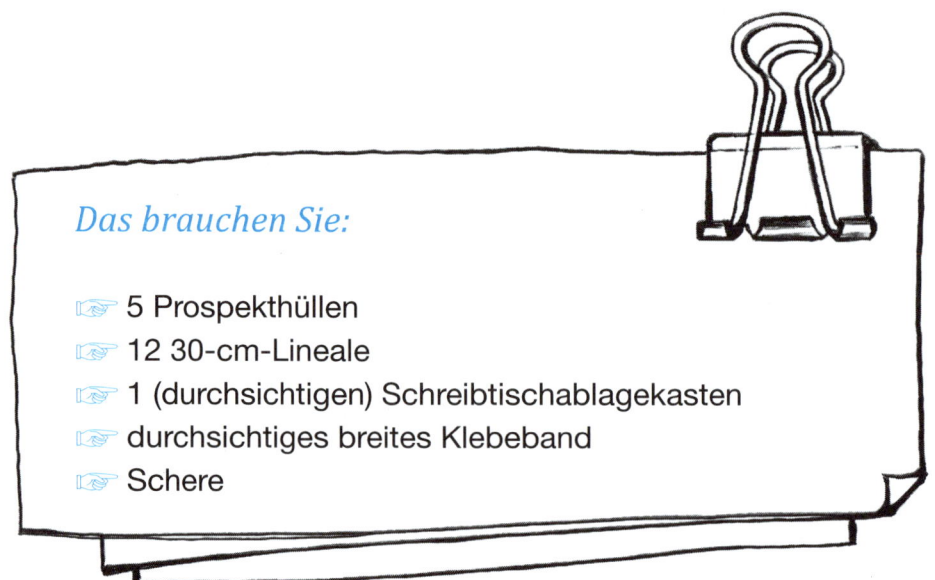

So geht's

Die vier Ecken für die Seitenwände herstellen, indem man je zwei Lineale hochkant mit Klebeband verbindet. Die hinteren Eckpfeiler hochkant an die beiden Ecken des Schreibtischablagekastens stellen und mit Klebeband daran fixieren. Dann an der Hinterseite stramm mit Klebeband eine Prospekthülle anbringen. Um die Längsseiten zu schließen, jeweils eine Prospekthülle horizontal mit Klebeband an den Linealen befestigen, hochkant in jeweils eine Ecke stellen und die restlichen Seiten an den hinteren Eckpfeilern und am Ablagekasten befestigen. (Achtung: Das Klebeband muss breit genug sein, um die Lücke zu schließen.) Abschließend das Dach aus einer auf vier rechteckig angeordnete Lineale geklebten Plastikhülle bauen und aufsetzen. Zur Belüftung das Dach nach hinten schieben oder ganz abnehmen.

Nun das Gewächshaus mit Erde füllen und bepflanzen oder Töpfe mit Pflanzen hineinstellen. An einem hellen, warmen Ort platzieren.

Was spricht dagegen, groß zu denken? Erweitern Sie Ihre Plantage und eröffnen Sie einen kleinen Biogemüsemarkt in Ihrem Büro oder beliefern Sie den Biosupermarkt um die Ecke mit Ihrer Ernte. Mit ein bisschen Glück kommen Sie damit ins *ZEIT-Magazin* oder bauen sich zumindest finanziell ein zweites Standbein auf.

Das sagt der Coach

Etwas wachsen lassen, zusehen, wie es gedeiht – gibt es Heilsameres für die Psyche des von sich und der Welt entfremdeten Büromenschen? Was für unsere Vorfahren einst selbstverständlich war, erscheint uns heute hochgradig exotisch. Alle, die schon einmal das befriedigende Gefühl erleben durften, ihre Hände in fruchtbare Erde zu versenken und darin zu wühlen, werden wissen, was gemeint ist. Holen Sie sich dieses ursprüngliche Glücksgefühl zurück – sogar ganz ohne Nebenwirkungen: Die Fensterbank befindet sich in ergonomisch optimaler Höhe. Das garantiert Gartenarbeit ohne Rückenprobleme!

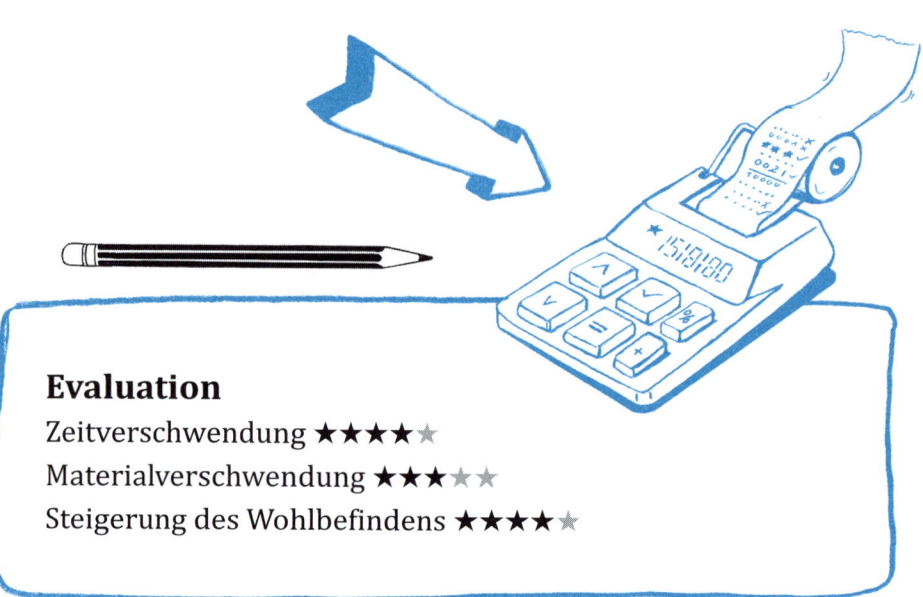

Evaluation

Zeitverschwendung ★★★★☆
Materialverschwendung ★★★☆☆
Steigerung des Wohlbefindens ★★★★☆

23. Aus dem Dunkeln mit Schlamm werfen

Übung »Verdammte Scheiße«

In ihren Reden sprechen Chefs gerne von »Offenheit« und »Transparenz«, die sie angeblich fördern und dadurch das Betriebsklima verbessern möchten. Deshalb haben die meisten Büros Glastüren. Oder gar keine. Doch Menschen unterstellen anderen immer nur das Schlechteste, und so rechnen auch die Chefetagen damit, dass die Mitarbeiter in ihren Büros schlafen, Pornos gucken, morden oder Stepptanz üben, wenn sie sich außerhalb des Kontrollblickfelds der Kollegen und des Vorgesetzten befinden. Wie recht sie haben!

Glücklicherweise gibt es in jedem Büro einen Rückzugsort, an dem man noch man selbst sein kann: die Toilette. Sie verfügt nicht nur über eine blickdichte Tür, sondern auch über ein Schloss. Nutzen Sie diese Oase der Unsichtbarkeit, um genüsslich das zu tun, was Sie sonst nur hinter vorgehaltener Hand und im übertragenen Sinn tun könnten: aus dem Dunkeln heraus mit Schlamm werfen. Sparen Sie sich die Lästerei über den aalglatten Herrn Schmidt, der Ihre E-Mails ignoriert. Statt sich die Mühe zu machen, in Ihrem gläsernen Büro den Kollegen mit einem freundlichen Lächeln zu erzählen, dass Sie ihn letztes Wochenende sternhagelvoll vor einem Bordell in der Nähe des Bahnhofs gesehen haben, scheißen Sie auf Transparenz und Offenheit, greifen Sie zu den Waffen und erlegen Sie Herrn Schmidt ganz untransparent aus dem Hinterhalt.

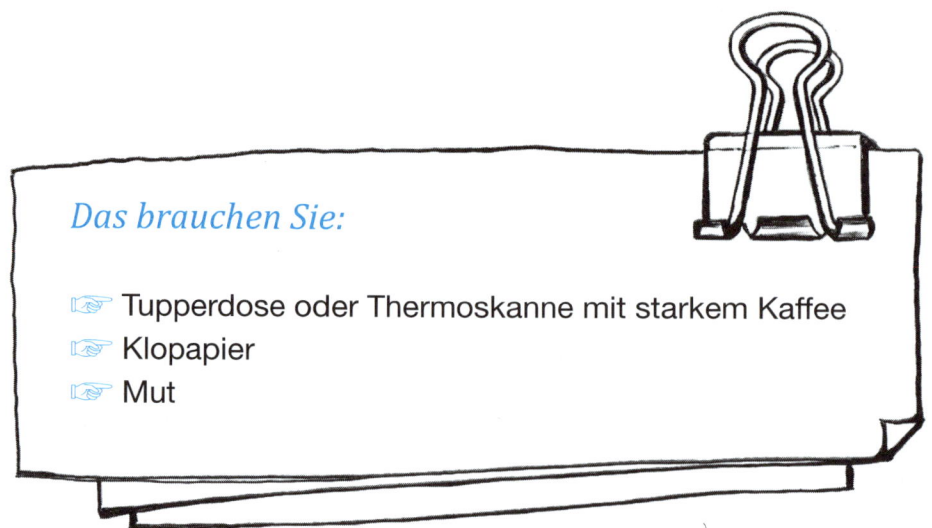

Das brauchen Sie:

☞ Tupperdose oder Thermoskanne mit starkem Kaffee
☞ Klopapier
☞ Mut

So geht's

Ziehen Sie sich mitsamt dem Kaffee unbemerkt auf die Toilette zurück und machen Sie sich an die Arbeit: Wickeln Sie so viel Klopapier von der Rolle, wie Sie für nötig halten, tunken Sie den Batzen in die Kaffeebrühe und kneten Sie daraus ein kugelartiges Gebilde.

Wiederholen Sie den Vorgang beliebig oft, bis Sie die gewünschte Anzahl kackbrauner Geschosse parat haben. Üben Sie sich in Geduld und warten Sie auf Ihren Gegner. Sobald er sein / sie ihr Geschäft erledigt hat und aus der Kabine austritt, werfen Sie!

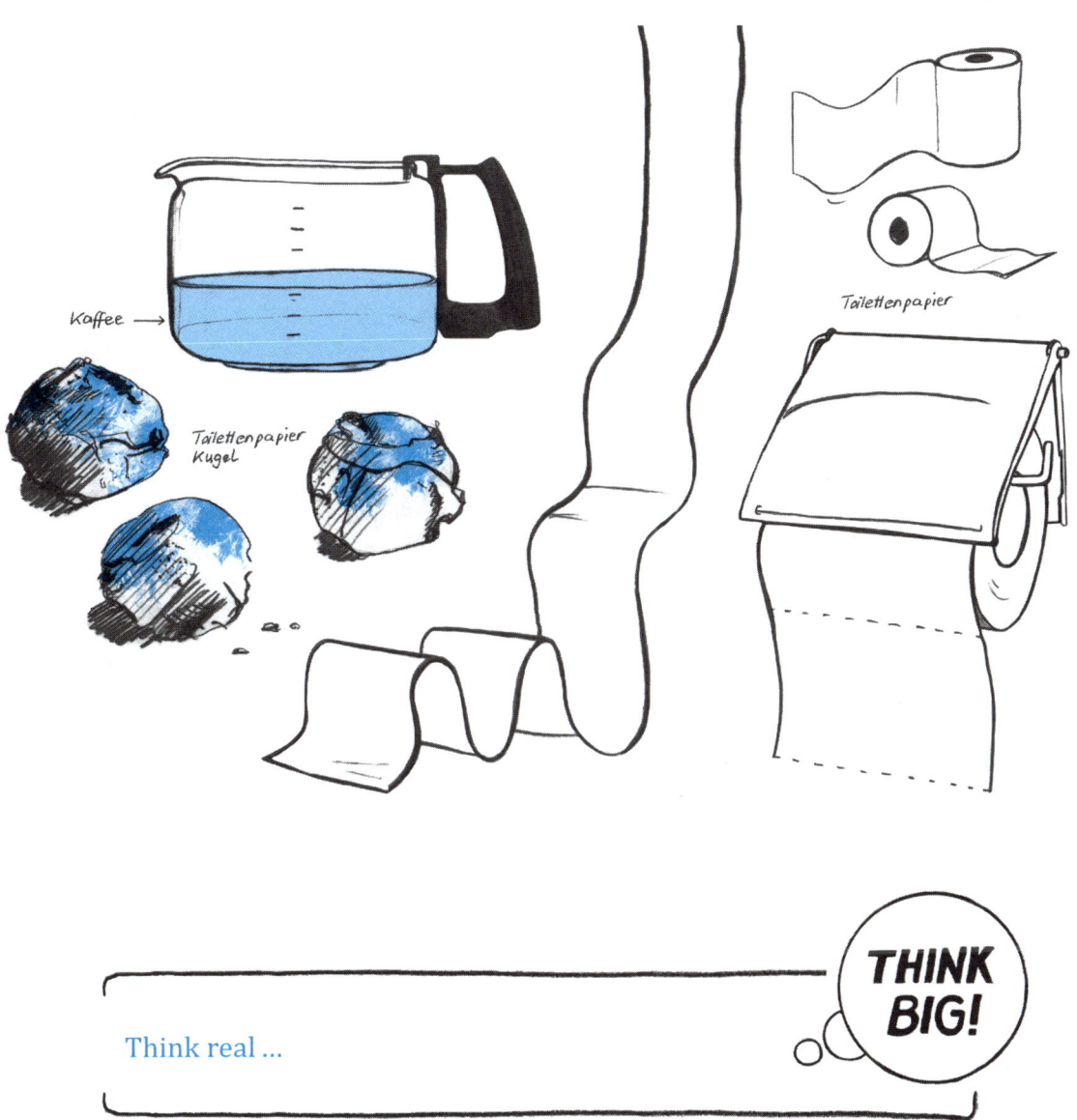

Kaffee

Toilettenpapier
Kugel

Toilettenpapier

Think real ...

THINK BIG!

Irgendwann muss sie eben ausgelebt werden, die
anale Phase. Je früher und intensiver, umso besser!

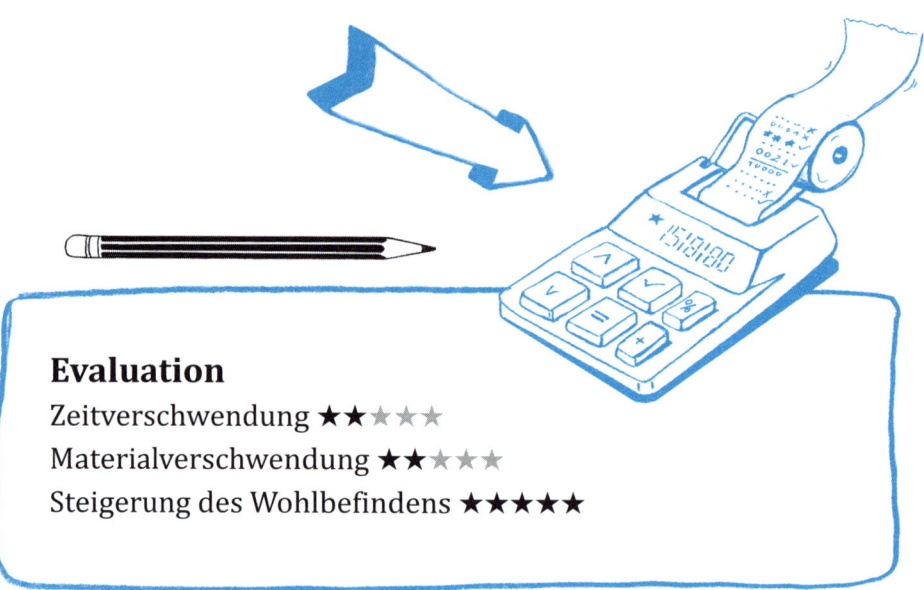

Evaluation

Zeitverschwendung ★★☆☆☆
Materialverschwendung ★★☆☆☆
Steigerung des Wohlbefindens ★★★★★

24. Kommet, ihr sündhaften Schäfchen

Weihnachtskrippe »Erlöser«

Weihnachtszeit, o friedfertige und besinnliche Zeit! Bis hinein in die Bürowelt reicht das unsichtbare, wohltuende Strahlen deines hellen Lichts, dem sich niemand entziehen kann, nicht einmal garstigste Vorgesetzte.

Viele von uns spüren eine überraschende Sanftmut in ihrem Herzen, die sie sich kaum erklären können. Alles wirkt irgendwie ein bisschen weniger schlimm. Plötzlich möchte man dem Gegenüber weitaus weniger oft die Fresse polieren. Die PowerPoint-Präsentation ist auf einmal gar nicht mehr soooo schwachsinnig sinnlos, wie Sie zuvor dachten. Und Himmel auch, selbst für Marketinghexe Berta verspüren Sie plötzlich einen Funken Mitgefühl. Sogar diejenigen Kollegen, die gemeinhin nicht von solch ehrsamen Emotionen ergriffen werden, sind von einer unsichtbaren Macht erfüllt, die sie daran hindert, Sand in die Tastatur des Büronachbarn zu streuen, in die Kaffeedose zu pinkeln oder Herrn Mayer nachsitzen zu lassen.

Im weihnachtlichen Hochgefühl werden schon mal die Fenster mit hübschen Strohsternlein geschmückt oder der Schreibtisch mit Weihnachtskugeln und Kerzen dekoriert, und ja, manch einer bringt sogar selbst gebackene Plätzchen (die etwas zu dunkel geratenen, die zerbrochenen, die von der kleinen Tochter dekorierten) mit und stellt eine gut gefüllte Dose in die Büroküche.

Nur wenige von uns haben indes einen Ort, an dem sie ihren weihnachtlichen Gefühlen komplett freien Lauf lassen können – einen Ort für die stille Andacht, für gute und heilsame Gedanken, für das erbauende Zwiegespräch mit dem Allmächtigen, der selbst für die profansten Sorgen und die niederträchtigsten Sünden ein offenes Ohr hat.

Kurz: einen spirituellen Ort, zu dem man jederzeit pilgern kann, wenn einem danach ist.

Was Sie und Ihre Büroumgebung brauchen, ist die Weihnachtskrippe »Erlöser«. Schon allein die zeitintensive Konstruktion beschert Ihnen Raum für die stille, fromme Meditation. Stück für Stück kommen Sie so dem Jesuskind und der Erlösung näher.

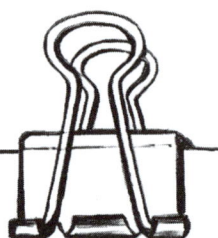

Das brauchen Sie:

☞ halbierter / durchgeschnittener flacher Karton (z. B. Deckel einer Kopierpapierschachtel)
☞ mehrere Packungen Holz- oder Bleistifte
☞ mehrere lange Gummibänder
☞ 1 DIN-A4-Leitzordner
☞ 1 Packung kleine Post-its
☞ mehrere mittelgroße Foldback-Klammern
☞ Bleistiftspitzer-Müll
☞ mehrere Bogen festes Papier
☞ Paketschnur
☞ Schere

Josef

Stern

Schere

Maria

falten →

← falten

Jesuskind

Kopiervorlage

Zunächst ein krippentaugliches Stück von einem Karton abschneiden. Dann so viele Holz- oder Bleistifte nehmen wie nötig, um sie hochkant nebeneinander um die drei abgebildeten Seiten des Kartons zu stellen. Stifte flach auf den Boden legen und Stück für Stück mit Gummiband verweben. Dann das Stifte-Band um den Karton herum aufstellen und ankleben. Zum Trocknen alles mit Gummibändern oder Foldback-Klammern sichern.

Nun Maria- und Josef-Figuren kopieren, ausschneiden und bemalen. Die untere Lasche nach hinten klappen, an eine geeignete Stelle in der Krippe stellen und festkleben. Dann aus einem Block kleiner Post-its die Krippe herstellen.

Hierzu die Jesuskind-Vorlage kopieren, ausschneiden und aufs oberste Papier des Post-it-Blocks kleben. Das unterste Papier des Blocks abknicken, mit der Foldback-Klammer packen und auf diesen »Beinen« in die Krippe stellen. Anschließend den Krippenboden mit Bleistiftspitzer-Streu bedecken. Für das Krippendach einen Leitzordner aufklappen und auf die Stiftwände legen.

Jetzt fehlt nur noch der hübsche Krippenstern. Diesen aus Papier ausschneiden und mit Paketschnur am Ringhefter des Leitzordners aufhängen. Beten.

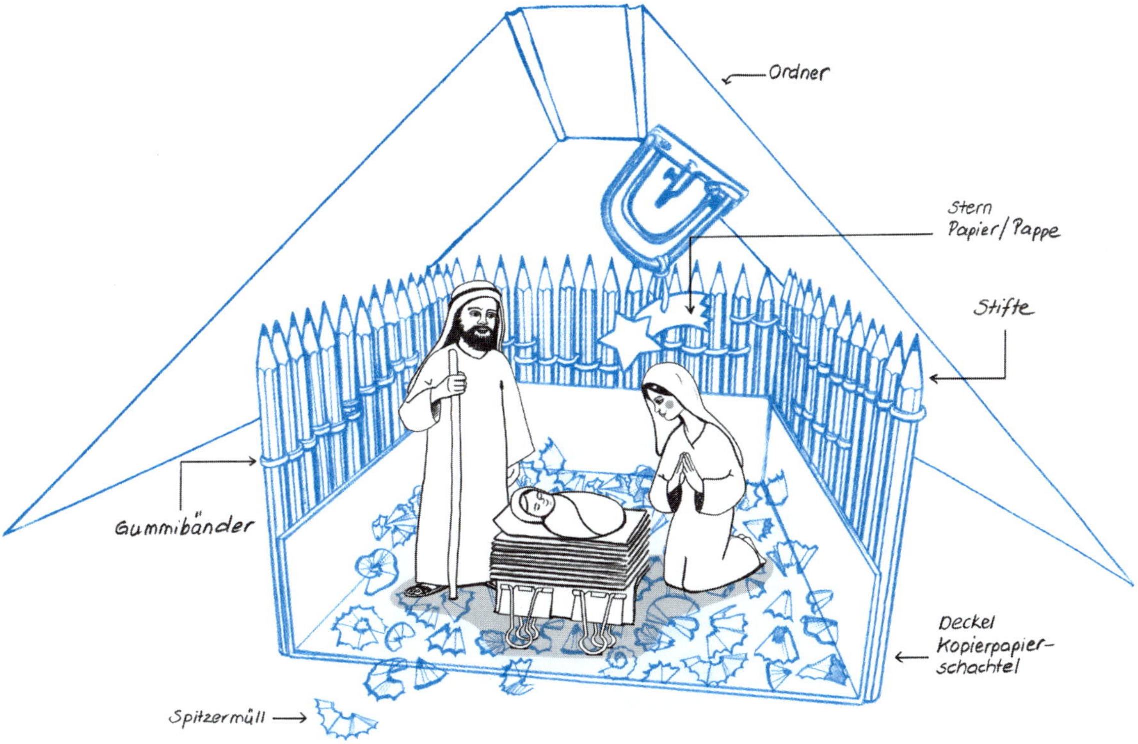

Ordner

Stern
Papier / Pappe

Stifte

Gummibänder

Deckel
Kopierpapier-
schachtel

Spitzermüll →

Jesuskind

Kleben

Post-it

Foldback - Klammern

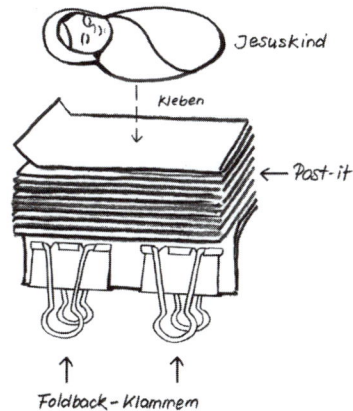

149

THINK BIG!

Bringen Sie dem Jesuskind jeden Tag ein neues Geschenk: ein iPad, die Rolex des Chefs, das Blackberry des Vertriebsleiters, schöne (un-) freiwillige Spenden der Kollegen ...

Das sagt der Coach
Glaube versetzt Berge. Hosianna!

Evaluation
Zeitverschwendung ★★★★☆
Materialverschwendung ★★★☆☆
Steigerung des Wohlbefindens ★★★★★

25. Wecken Sie den Homo ludens in sich!

Memory-Spiel »Schabernack«

Da ist es wieder: das gefürchtete Nachmittagsloch! Sie haben den ganzen Vormittag auf Facebook herumgelungert, schlaue Dreizeiler gelesen und öde Urlaubs-, Baby- und Junggesellinnenabschieds-Fotos durchgeklickt. Sie haben den Rest des Vormittags nach günstigen Flügen in die Sonne geschaut. Sie haben so lange mit den Kollegen aus den Nachbarbüros gechattet, bis Sie anfingen, sich gegenseitig von dem Muster Ihrer Raufasertapete zu berichten. Jetzt fühlen Sie sich nur noch leer. Höchste Zeit für das Memory-Spiel »Schabernack«!

Ziehen Sie sich mit Ihrem Lieblingskollegen zurück an einen ungestörten Ort und widmen Sie sich diesem fröhlichen, harmlosen Spiel, das den Geist erfrischt und die Sinne wieder munter macht.

Das brauchen Sie:

☞ Porträtfotos von Kollegen
☞ farbiges, möglichst schweres Papier
   (z. B. Trennstreifen) oder Karton
☞ Foto- oder Proofpapier
☞ 1 Folienstift
☞ Klebstoff
☞ Schere oder Cutter

So geht's

Beliebig viele gleich große Quadrate aus dem schweren Papier schneiden. Ggf. mehrere Lagen Papier aufeinanderkleben, um eine größere Dicke zu erreichen. Jedes Kollegenfoto auf bestem Papier zwei Mal ausdrucken, auf Größe des Quadrats schneiden und aufkleben. Jetzt jeweils eins der doppelten Fotos nach Herzenslust verhässlichen. Bei Bedarf mit den Lieblingskollegen zurückziehen und Memory spielen.

Nehmen Sie wie bei Variante A ein langweiliges offizielles Foto der Kollegen für den einen Teil des Memory-Paars, suchen Sie dann allerdings jeweils ein kompromittierendes Foto als Gegenstück: Herr Klein mit heruntergelassener Hose beim Tanz zu »Sex Bomb« bei der letzten Betriebsfeier, Frau Krähenfuß und ihr Botox-Fehlversuch auf Facebook und so weiter und so fort. Falls Sie bei manchen Kollegen partout nichts finden können, gehen Sie auf Fotosafari. Jeder popelt mal in der Nase …

Das sagt der Coach

Spielen fördert die Kommunikation und erhöht die Frustrationstoleranz. Spielen regt die Fantasie an, macht Spaß und lenkt von den eigenen Problemen ab. Alles Gründe dafür, dass Spielen einen wesentlichen Teil zur Genesung eines verdrossenen Büromenschen beitragen kann. Denn schon Friedrich Schiller wusste: »Der Mensch ist nur da ganz Mensch, wo er spielt.« Entdecken Sie den *Homo ludens* in sich!

Evaluation

Zeitverschwendung ★★★★☆
Materialverschwendung ★★☆☆☆
Steigerung des Wohlbefindens ★★★☆☆

26. Be part of the Gassi-Gang!

Haustier »Mouse-Pet«

Haustiere haben eine positive Wirkung auf die Gesundheit ihres Besitzers. Sie stärken das Selbstbewusstsein, spenden Liebe und Geborgenheit – und sie sorgen für regelmäßige Bewegung und Frischluftzufuhr. Im Gegensatz zu uns Menschen wissen Tiere instinktiv, dass stundenlanges Herumsitzen auf Dauer dem Organismus schaden, dass man mehr bewegen muss als nur Handgelenk und Finger und dass Nerven und Sinne leiden, wenn der Körper tagaus, tagein nur klimatisierte Luft inhaliert. Irgendwann fallen wir ins Wachkoma – Tiere hingegen werden rechtzeitig unruhig und kratzen an der Tür.

Wir raten Ihnen deshalb: Machen Sie sich die natürlichen Instinkte der Tiere zunutze und sorgen Sie für ein süßes Mouse-Pet! Dieses muss in der Regel viermal täglich ausgeführt werden. An der frischen Luft.

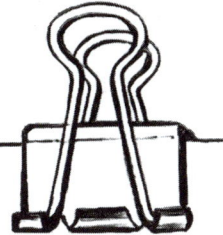

Das brauchen Sie:

☞ 1 Computermouse mit Kabel
☞ 1 Stück festes weißes Papier
☞ 2 aufgebogene Büroklammern
☞ Locherkonfetti von einem rosafarbenen Schwammtuch
☞ 1 schwarzen Folienstift
☞ durchsichtiges Klebeband
☞ flüssigen Klebstoff
☞ Schere

So geht's

Für die Öhrchen zwei kleine Kreise von ca. 2 cm Durchmesser aus Papier schneiden und knicken, damit die Öhrchen plastischer wirken. Das umgeklappte Ende auf die Mouse kleben. Die beiden aufgebogenen Büroklammern zu Schnurrhaaren kreuzen und mit Klebeband an der Mouse befestigen. Zuletzt rosafarbenes Locherkonfetti als Nase mit Flüssigkleber am Schnurrhaar-Kreuzpunkt anbringen und schwarze Augen aufmalen.

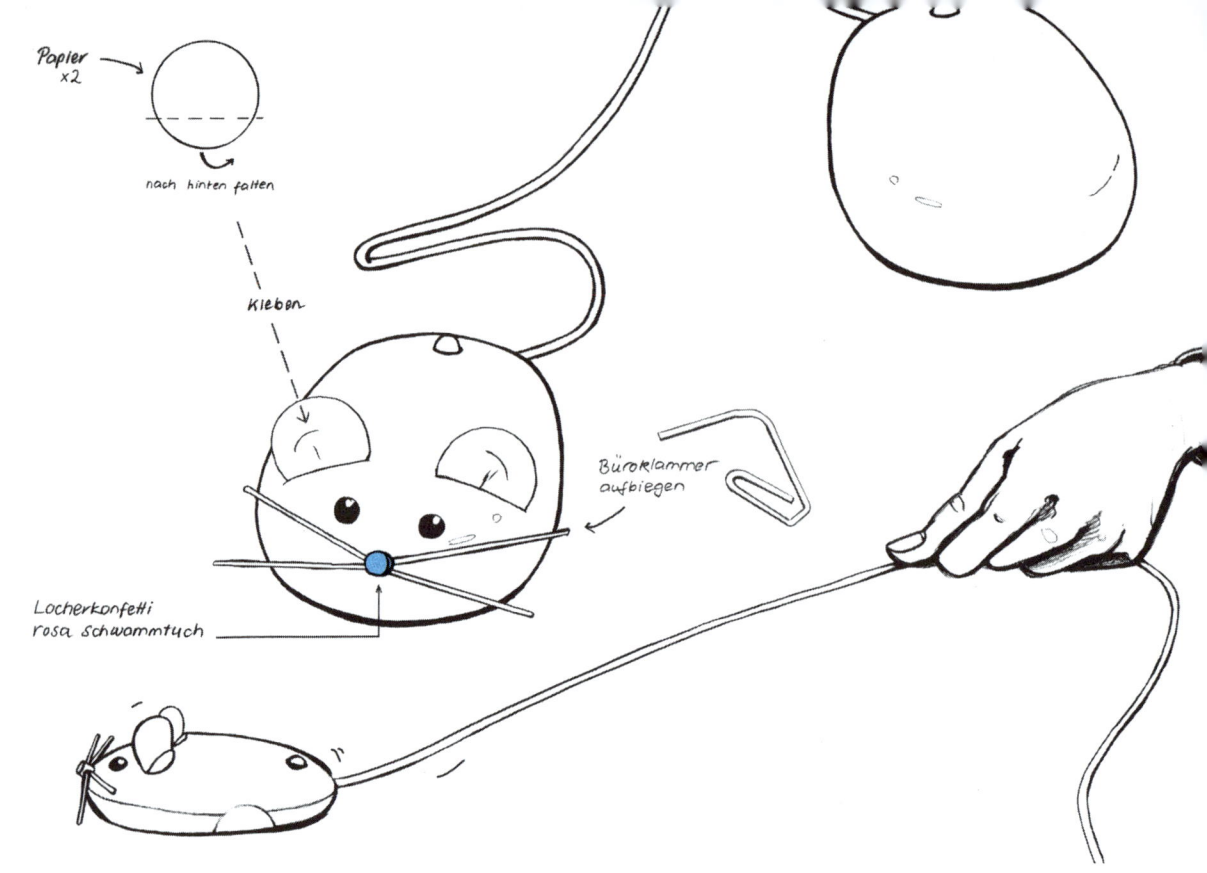

Papier
x2

nach hinten falten

kleben

Büroklammer aufbiegen

Locherkonfetti
rosa Schwammtuch

{ **Das sagt der Coach**

Ein dreifaches WUFF, WUFF, HURRA! }

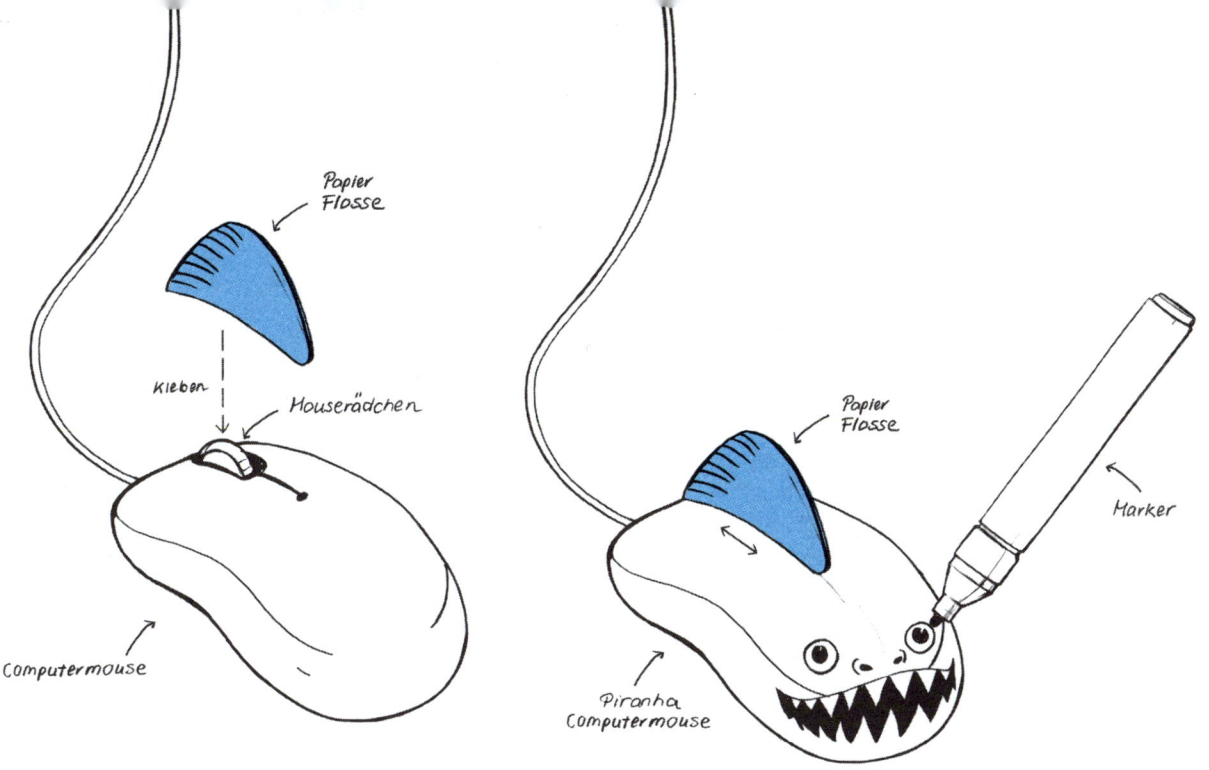

Papier Flosse

kleben

Mouserädchen

Computermouse

Papier Flosse

Marker

Piranha Computermouse

Tipp: Wem das Mäuschen noch nicht subversiv genug ist, der baue sich einen blutrünstigen Piranha. Hierfür eine Flosse aus Papier ausschneiden und ans Mouserädchen kleben. Anschließend das böse Gesicht aufmalen und bei einem Angriff die Flosse bedrohlich hin und her bewegen.

Ein Mouse-Pet ist schön, zwei sind schöner!
Und drei oder vier erst! Durchkämmen Sie die
Büros Ihrer Kollegen und sammeln Sie Mäuse, die zum
Leben erweckt werden wollen. Werden Sie auf Ihre wachsende
Herde an Mouse-Pets angesprochen, verweisen Sie auf den
Rattenfänger von Hameln und deuten Sie an, dass wohl Ihr Cha-
risma für diesen wundersamen Zulauf verantwortlich ist. Man
wird Ihnen fortan entweder mit Ehrfurcht begegnen oder … na
ja … einen gut dotierten Aufhebungsvertrag anbieten. Immerhin:
Beides würde Ihrem Berufsleben eine neue Wendung geben.

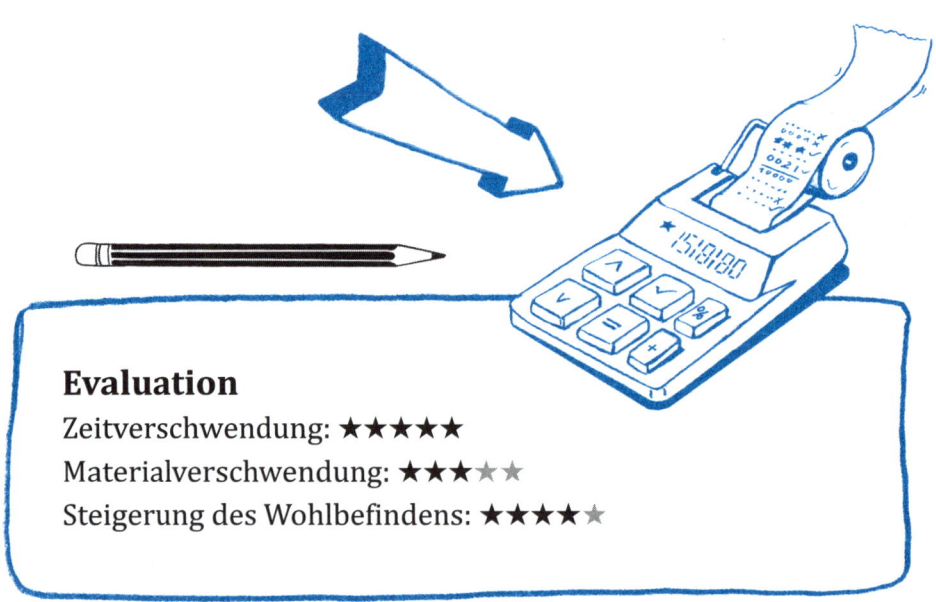

Evaluation

Zeitverschwendung: ★★★★★
Materialverschwendung: ★★★☆☆
Steigerung des Wohlbefindens: ★★★★☆

27. Musik heilt alle Wunden

Musikinstrumente »Django Unchained«

> *Wenn die Bäume gefällt werden sollen, musst du singen.*
> *Ohne Gesang ist dein Buschmesser stumpf.*
> Afrikanisches Sprichwort

Denken Sie an die Abertausende Sklaven auf den Plantagen, denken Sie an den Schweiß und das Blut der Geknechteten unter der sengenden Sonne. Und denken Sie an die subversive Kraft und die Schönheit ihrer Gesänge, ohne die nicht denkbar wäre, was wir heutzutage »Musik« nennen.

Sie selbst befinden sich unter der fahlen Sonne der Nordhalbkugel, Sie sitzen drinnen, Sie halten kein Buschmesser in der Hand, Sie bluten nicht – doch auch Sie müssen Schlimmes erdulden. Und auch Sie können aus der Musik Kraft und Mut schöpfen.

Haben wir nicht alle die Erfahrung gemacht, dass die Arbeit mit einem Lied auf den Lippen leichter von der Hand geht? Nun, ein bisschen Trällern mag helfen – weitaus kraftvoller und effektiver jedoch ist ein Instrument!

Wir halten hier einige simple Bauanleitungen für Sie bereit. Suchen Sie sich aus, was Ihnen am meisten zusagt, und legen Sie los! Vorkenntnisse in der Instrumentenführung sind nicht notwendig. Entspannen Sie sich, spüren Sie nach, was in Ihnen steckt – und bringen Sie Ihr Instrument zum Klingen. Vielleicht begründen Sie dabei ja zufällig ein neues Musikgenre?

Klemmbrett-Zither

Das brauchen Sie:

☞ 1 Klemmbrett
☞ 2 Bleistifte
☞ 5–7 lange, stabile Gummibänder

So geht's

Einen Bleistift unter die Klemme des Bretts stecken, einen Bleistift darüberlegen und über beide Stifte sowie das Klemmbrett ein Gummiband nach dem anderen in gleichmäßigem Abstand spannen. Zithern Sie los.

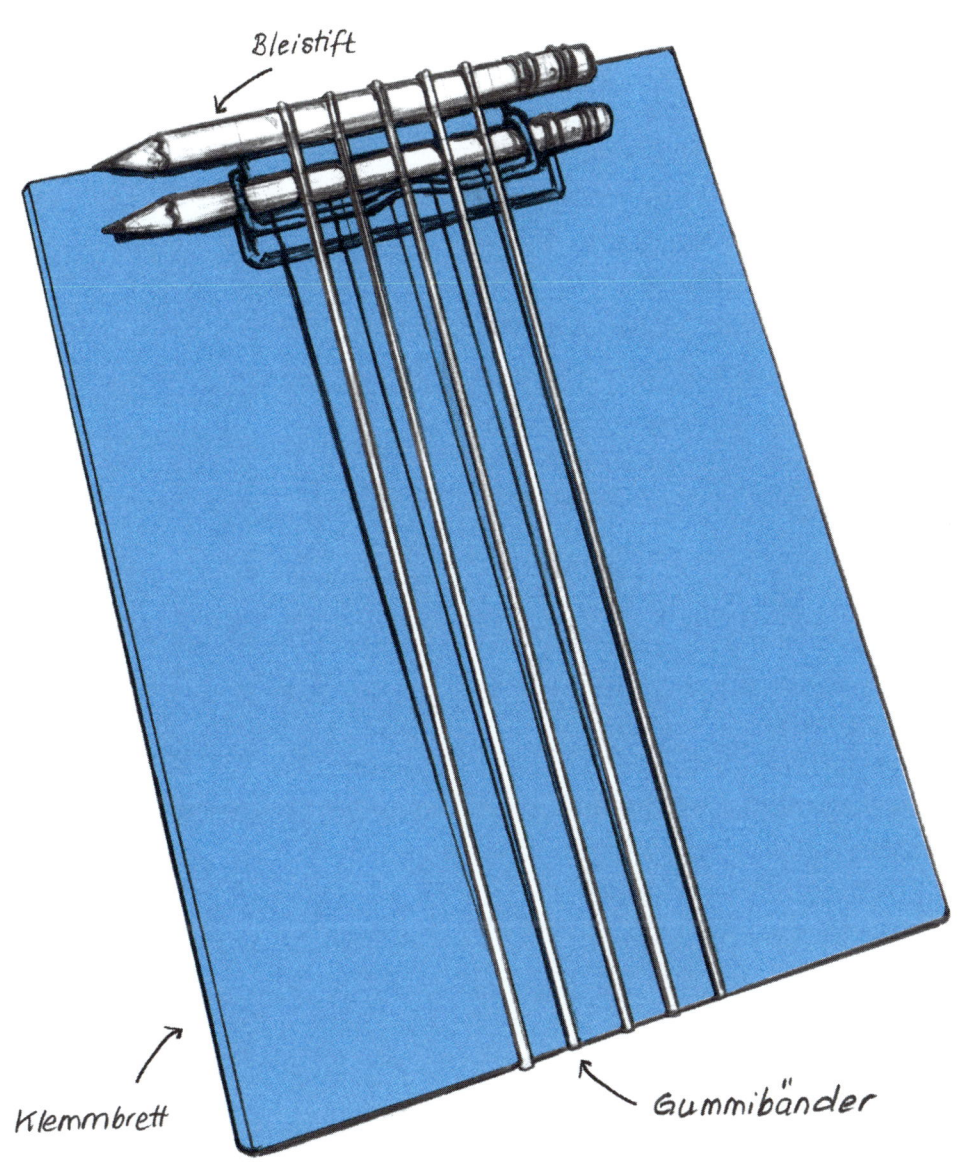

Bleistift

Klemmbrett

Gummibänder

Klemmbrett-Zither

Plastik-Rassel

Das brauchen Sie:

☞ 2 Plastikbecher
☞ Kaffeebohnen
☞ silbernes Gaffer- oder Packband
☞ Folienstifte zum Verzieren

So geht's

Einen der Becher mit Kaffeebohnen füllen, den zweiten Becher passgenau daraufsetzen und mit Gaffer- oder Packband befestigen. Folienstift-Verzierungen nach Wunsch.

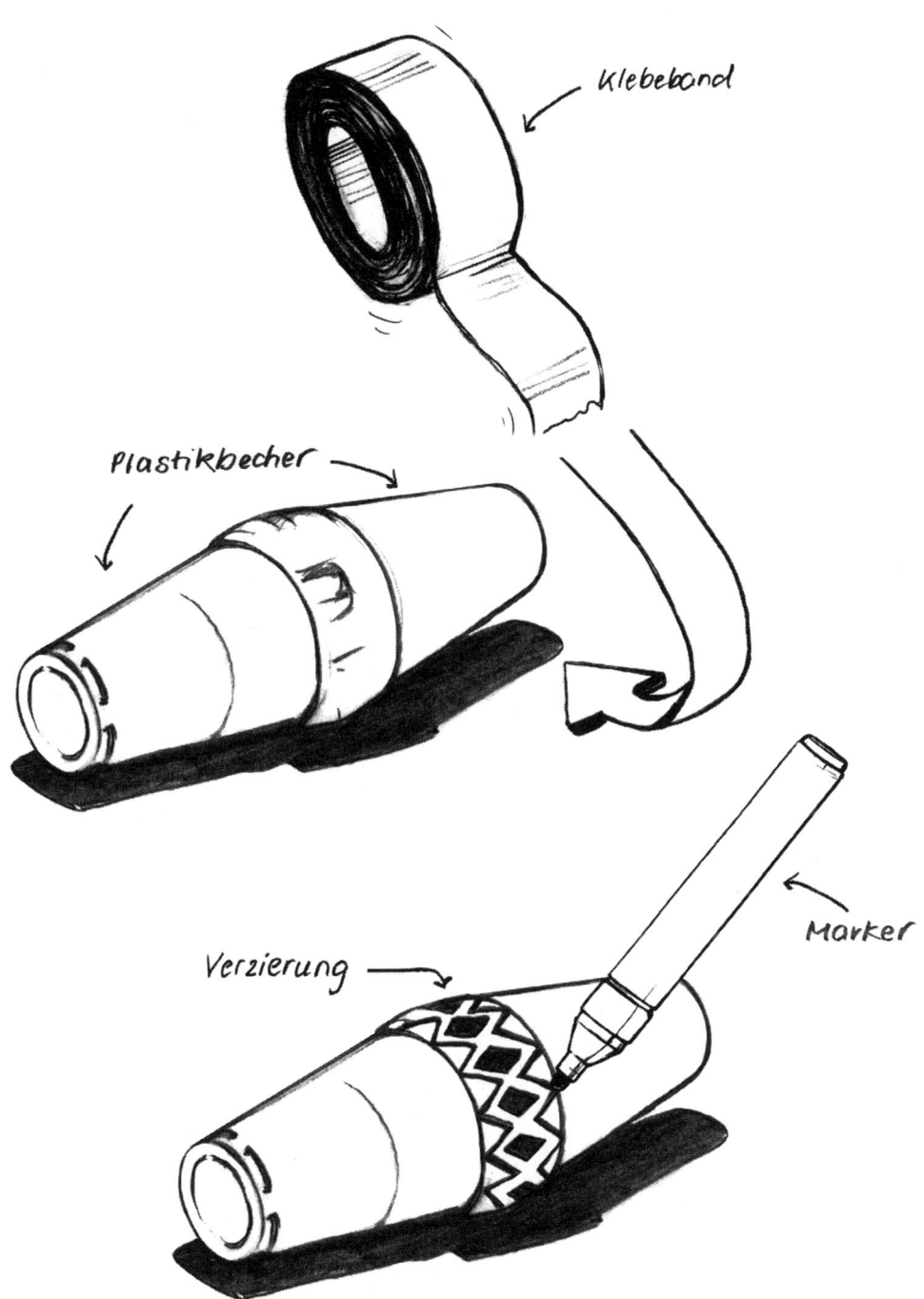

Klebeband

Plastikbecher

Marker

Verzierung

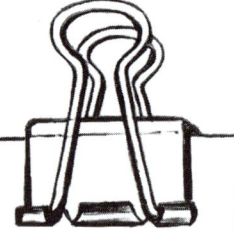

Regenstab

Das brauchen Sie:

☞ 1 Versandrolle mit Deckel (falls ohne Deckel, benötigen Sie zusätzlich 2 große Stücke quadratisches Notizblockpapier und 2 kräftige Gummibänder)

☞ Kaffeebohnen

☞ 1 Haufen bunte Rundkopfnadeln

So geht's

Die eine Seite der Rolle mit Deckel oder Papier und Gummiband verschließen und die Kaffeebohnen einfüllen. Jetzt auch die andere Seite verschließen und mehrere dichte Reihen Rundkopfnadeln rund um die Versandrolle stecken. Sie bremsen die Kaffeebohnen sanft ab und sorgen für authentisches Regenprasseln.

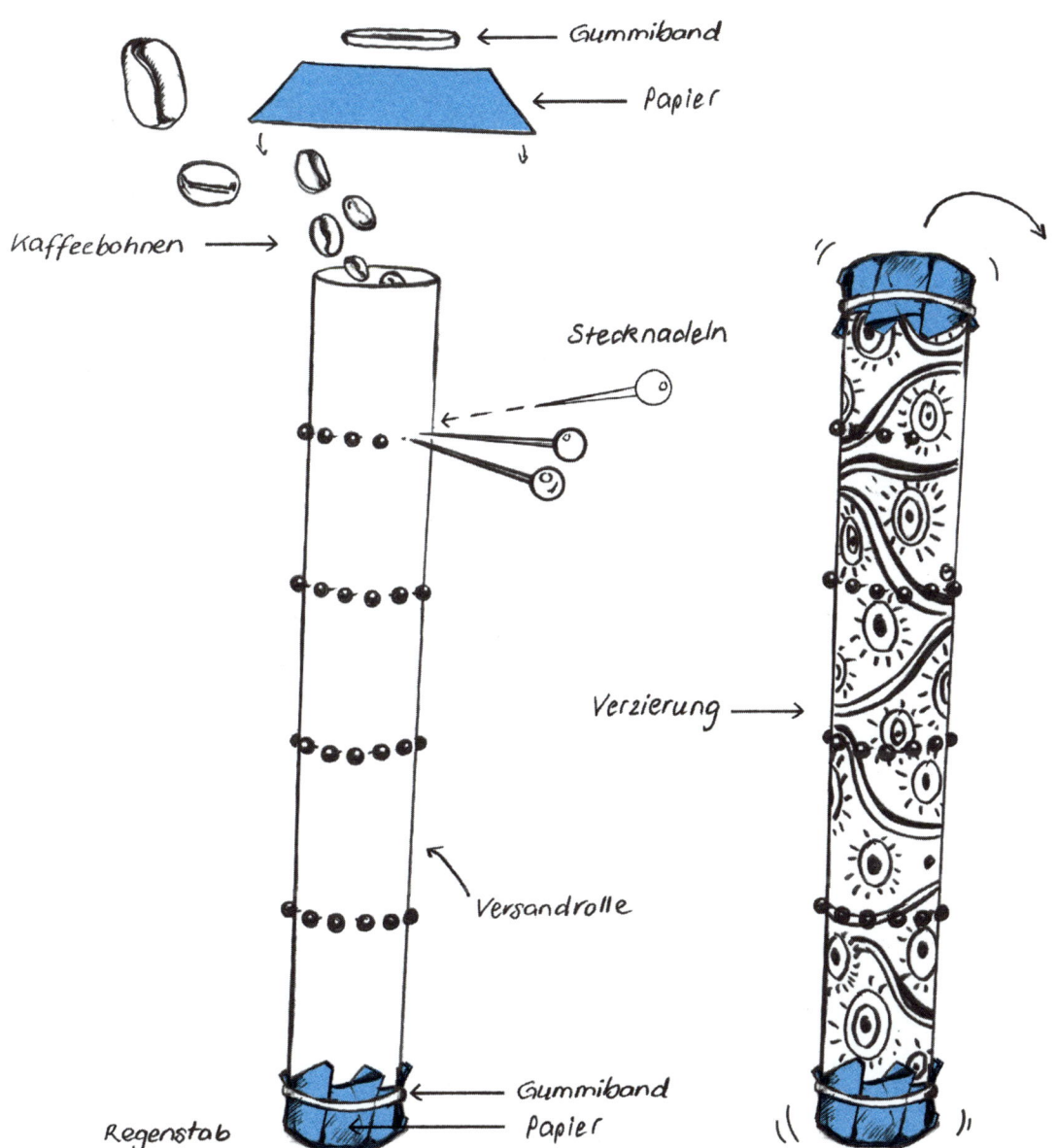

Gummiband

Papier

Kaffeebohnen

Stecknadeln

Verzierung

Versandrolle

Regenstab

Gummiband

Papier

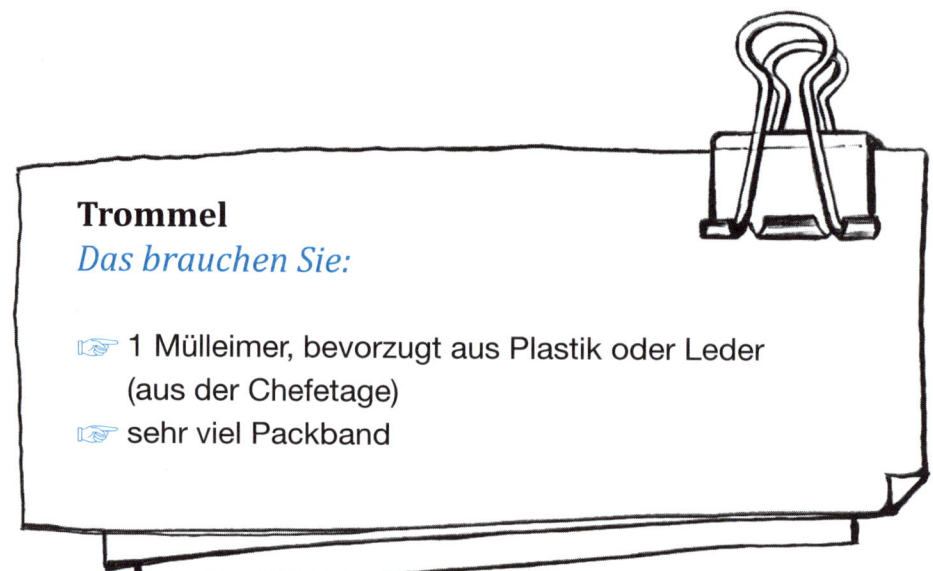

Trommel

Das brauchen Sie:

☞ 1 Mülleimer, bevorzugt aus Plastik oder Leder
(aus der Chefetage)
☞ sehr viel Packband

So geht's

Mülleimer leeren und kreuz und quer mit Packband bekleben – immer schön stramm spannen! Einfach, aber soundstark.

Paketklebeband

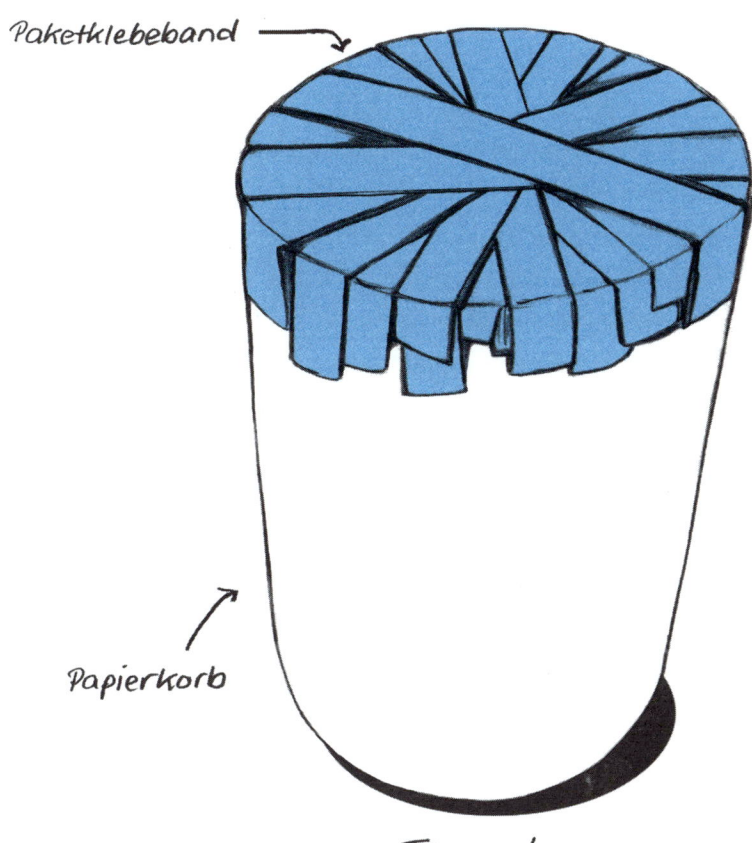

Paketklebeband

Papierkorb

Trommel

Gründen Sie eine Band mit Ihren Lieblingskolle-gen! Treffen Sie sich regelmäßig zum gemeinsa-men Jammen und gehen Sie dabei möglichst vielen anderen Kollegen auf die Nerven!

Das sagt der Coach

Musizieren ist eine fantastische Möglichkeit, seinen Emotionen freien Lauf zu lassen bzw. Blockaden zu lösen. Ihr Puls ist wegen eines üblen Meetings auf 380? Verarbeiten Sie die Erfahrung mit wildem, bösem Schreddern! Sie sind melancholisch gestimmt und mutlos, weil die Lieblingskollegin gekündigt hat? Zarte, leise Melodeien mögen ein Weg sein, diesen Gefühlen Gestalt zu verleihen. Jeder bestimmt seine Ausdrucksweise selbst. Wichtig ist nur, dass Sie sich dabei jedem Erfolgs-druck und jeder Wettkampfmentalität verweigern.

Evaluation

Zeitverschwendung: ★★★★☆

Materialverschwendung: ★★☆☆☆

Steigerung des Wohlbefindens: ★★★★★

28. Willkommen in Ihrem Wellness-Büro!

Fußmassagegerät »Sanfter Druck«

Wellness-Oasen sind eine tolle Sache. Dort riecht es gut und ist schön warm. Doch leider, *leider* haben sie einen klitzekleinen Haken: Wenn man in einer großen Firma arbeitet und sich die Wellness-Oase in derselben Stadt befindet, läuft man Gefahr, dort splitterfasernackt und schwitzend Menschen zu begegnen, denen man schon angezogen eher ungern gegenübertreten mag: Herrn Müller aus der IT beispielsweise – oder Frau Hansen aus dem Marketing, um nur die Schlimmsten von ihnen zu nennen.

Und ein Haken kommt selten allein: Der herkömmliche Büromensch hat lediglich an zwei Tagen in der Woche Zeit, eine Wellness-Oase zu besuchen – an Samstagen und Sonntagen nämlich. Und weil es nun mal so viele herkömmliche Büromenschen gibt, drängeln sich an diesen Tagen die nackten Leiber im warmen Dampf dicht aneinander und kämpfen erbittert um ein kleines Stückchen verschwitzten Saunaholzes oder um eine der angeblich ergonomisch geformten Plastikliegen, auf der sie sich endlich entspannen können. Ganz zu schweigen von den raren Terminen für das Hamam oder für Relaxmassagen, die es zu erobern gilt.

Wellness in den dafür vorgesehenen Tempeln macht also nur zu Zeiten Sinn, in denen man sie am wenigsten nötig hat, weil man ohnehin entspannt ist: im Urlaub.

Die Lösung? Sorgen Sie für Wellness an dem Ort, wo sie am dringendsten nötig ist: im Büro. Beginnen Sie mit unserem einfach zu konstruierenden Fußmassagegerät »Sanfter Druck«. Lassen Sie los, entspannen Sie sich! Aber behalten Sie um Himmels willen die Klamotten an!

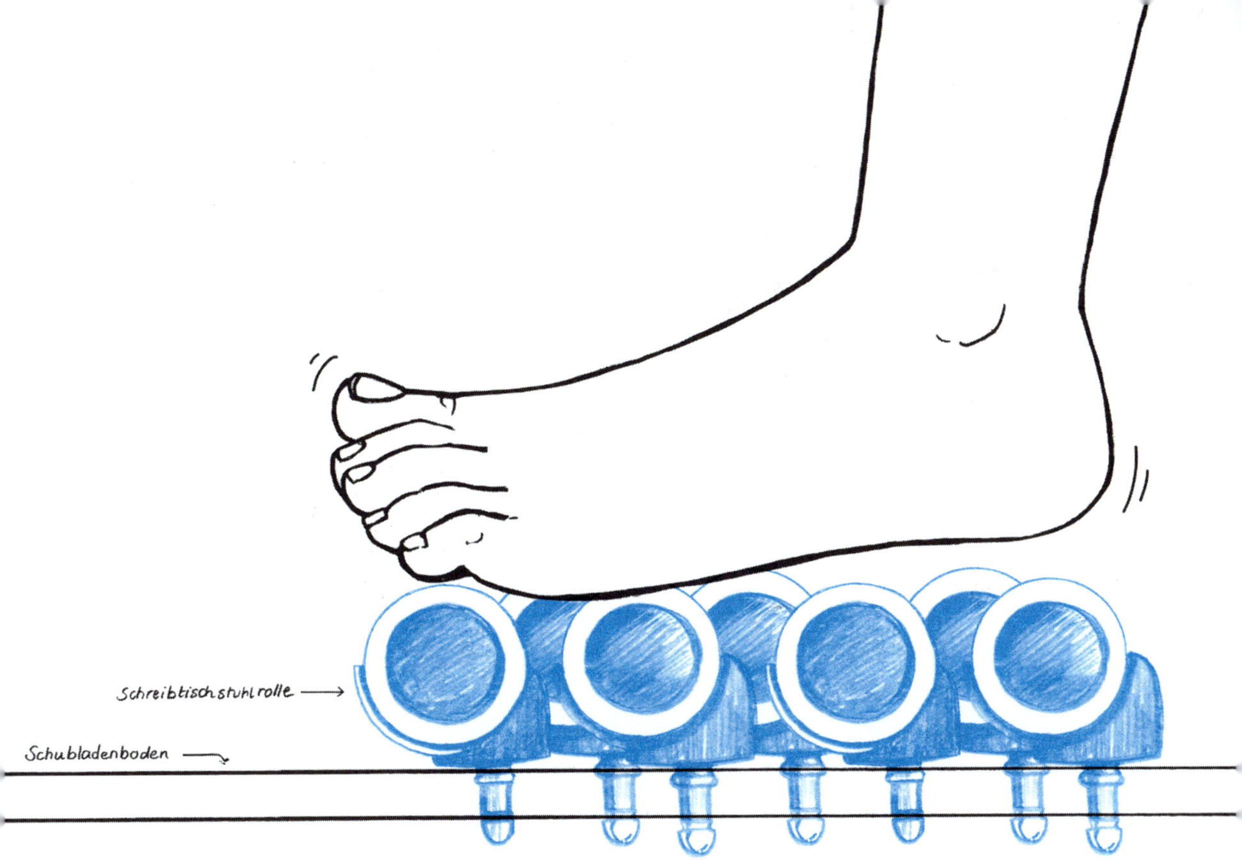

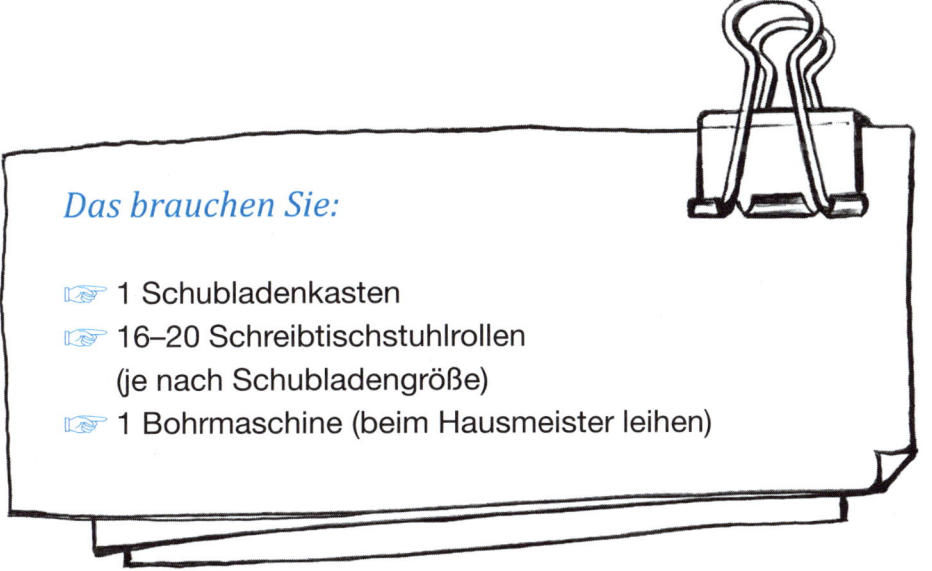

Schreibtischstuhlrolle

Schubladenboden

Das brauchen Sie:

☞ 1 Schubladenkasten

☞ 16–20 Schreibtischstuhlrollen
(je nach Schubladengröße)

☞ 1 Bohrmaschine (beim Hausmeister leihen)

So geht's

Zunächst auf die Jagd gehen nach vielen, vielen Schreibtischstuhlrollen. (Nach Dienstschluss in leere Büros schleichen und sie dort
abschrauben, außerdem dem Hausmeister einen defekten Stuhl vor-
gaukeln, schauen, wo er die Vorräte bunkert, und zuschlagen, sobald
die Gelegenheit günstig ist.)

Den Schubladenkasten mit der offenen Seite nach unten auf den Boden stellen. Gleichmäßig dieselbe Anzahl Löcher hineinbohren, wie
Rollen vorhanden sind. Anschließend die Rollen hineinstecken und
das Massagegerät in Fußreichweite unter den Schreibtisch stellen.

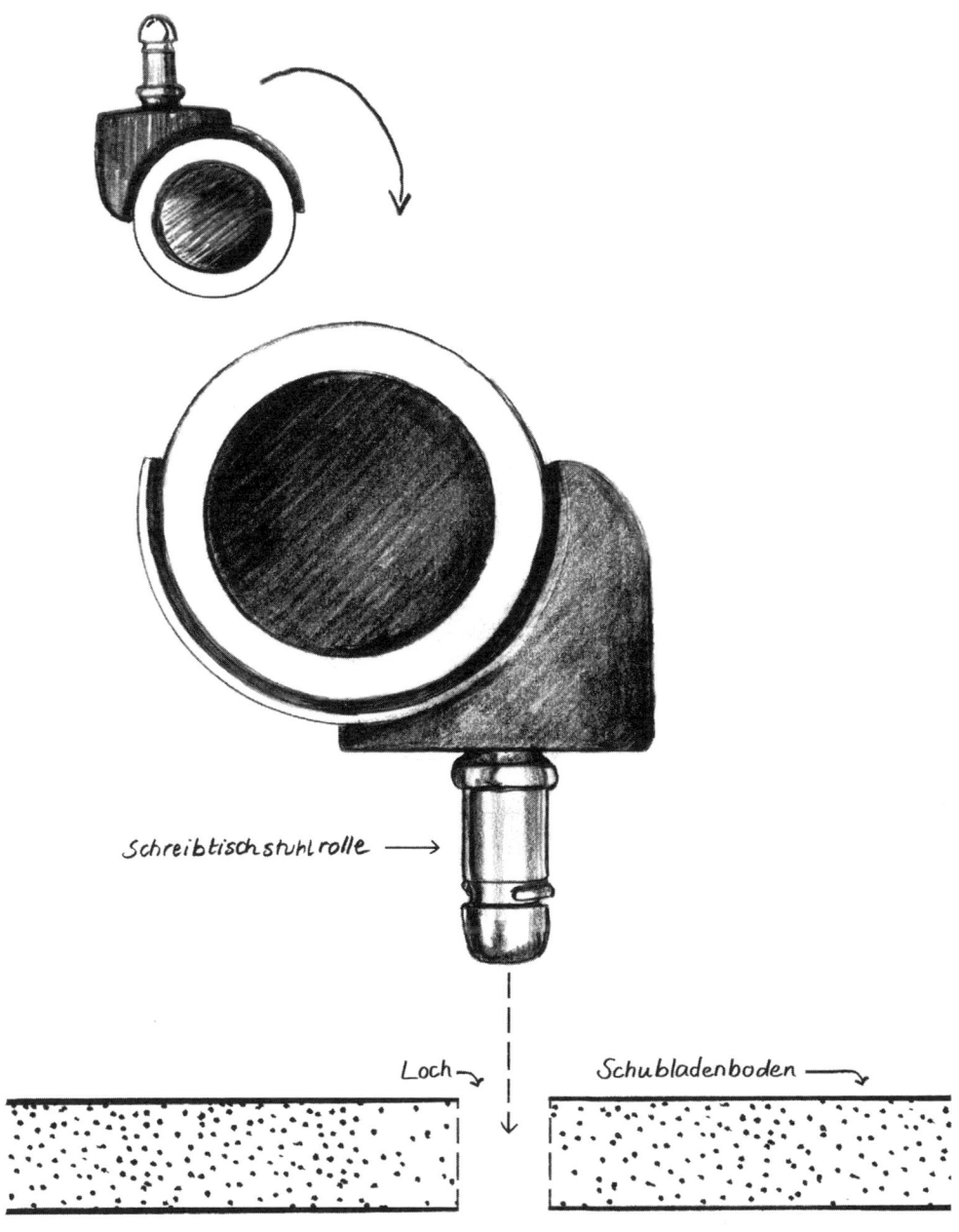

Schreibtischstuhlrolle →

Loch ↘   Schubladenboden →

Eröffnen Sie in Ihrem Büro einen illegalen Massa-
gesalon. Es spricht ferner nichts gegen eine Aus-
weitung Ihres Angebots. Kleiner Tipp: Sex sells …
Sollten Ihnen die Möglichkeit eines Zuverdiensts sowie die
Gesundheit Ihrer Kollegen eher gleichgültig sein, testen Sie
doch mal, wie leistungsstark Ihre Büroheizung ist. Unterstützt
von ein paar Heizlüftern könnte aus Ihrem Büro ohne großen
Aufwand eine private Biosauna werden. Und aus der Stromrech-
nung Ihres Arbeitgebers ein empfindlicher Schlag ins Kontor.

Das sagt der Coach

Die Massage ist eine der ältesten Heilmethoden überhaupt.
Lösen Sie sich von Verspannung und Schmerz und geben Sie
dem sanften Druck auf Ihre Fußsohlen nach – während Sie
den Druck dräuender Termine geflissentlich ignorieren.

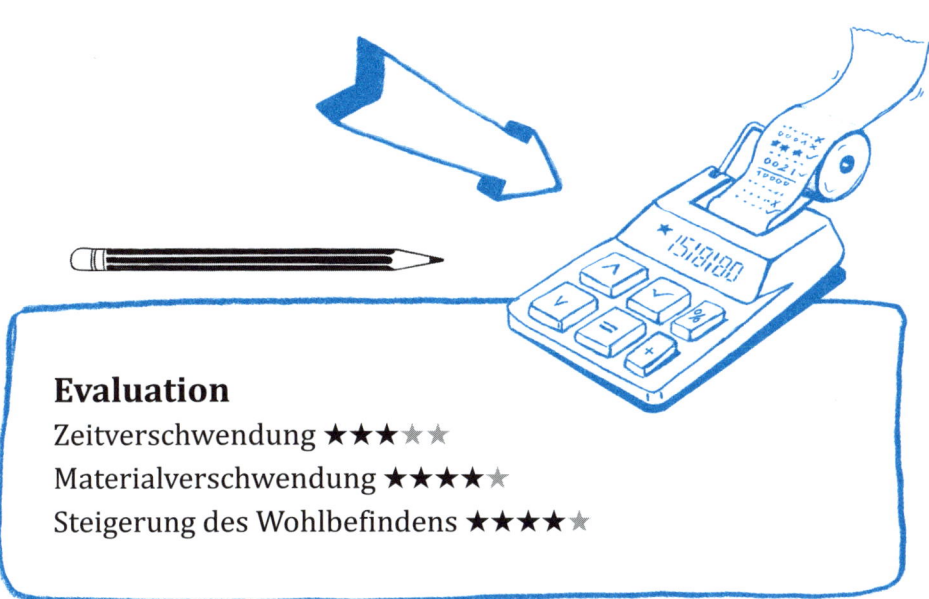

Evaluation

Zeitverschwendung ★★★☆☆

Materialverschwendung ★★★★☆

Steigerung des Wohlbefindens ★★★★☆

29. Es werde Licht!

Fransenlampe »Fransiskus«

Ganz gleich wie schnell die Welt sich dreht, ganz gleich wie viele Start-ups ins Rennen gehen und ihren Mitarbeitern Sitzsäcke und Fußballtische spendieren, um bald darauf entweder zu verhassten, weltumspannenden Konzernen zu werden oder aber zu verglühen – eins wird immer gleich bleiben: die Neonlampe an der Decke unserer Büros. Ob wir in einer alten Villa, einem kürzlich erbauten Bürokomplex oder einer Bausünde aus den 1960ern arbeiten: Wir tun es garantiert unter gleißendem, ungemütlichem Licht. Machen wir die Deckenlampe aus, verderben wir uns die Augen. Lassen wir sie an, wird sich ein Teil von uns immer ein bisschen wie im Besucherraum einer JVA fühlen.

Und dieses Gefühl sorgt nicht gerade für gute Ideen. Vielmehr verstärkt es den Drang, den so unwirtlich beleuchteten Ort möglichst schnell wieder zu verlassen, das Weite zu suchen, die Füße in die Hand zu nehmen und zu fliehen. Deshalb ist die Bastelidee »Fransiskus« zugegebenermaßen nicht unbedingt eine Erfindung, die Ihrem Arbeitgeber schadet... Umso mehr sorgt sie jedoch für eine völlig neue, heimelige Büroatmosphäre. Ihr sanfter Schein wird Sie vergessen lassen, dass Sie nicht zu Hause sind, und könnte Sie geradezu dazu verleiten, länger als unbedingt notwendig auf Ihrem Bürostuhl sitzen zu bleiben. Lassen Sie sich also alle Zeit der Welt beim Basteln!

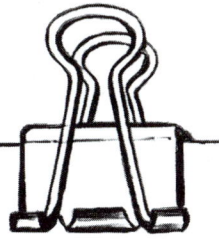

Das brauchen Sie:

☞ massenweise schönes, wertvolles Papier und/
oder wichtige vertrauliche Dokumente und/
oder Büschel aus dem Papierschredder
☞ Cutter oder Schere
☞ durchsichtiges Klebeband

So geht's

Möglichst wertvolles Papier in beliebiger Länge und Breite entweder diagonal oder längs zerschneiden. Wahlweise Schredderpapier verwenden.

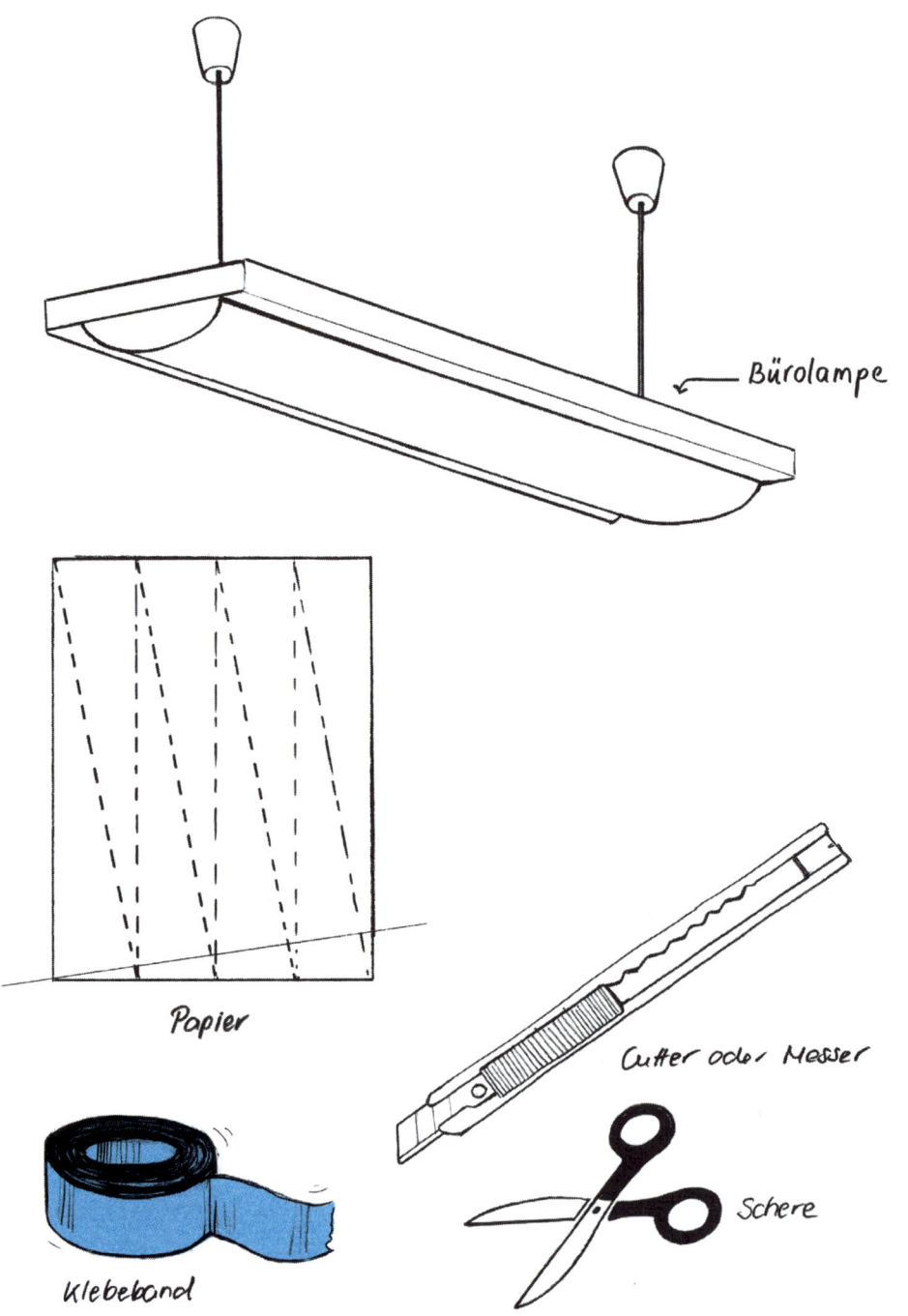

Bürolampe

Papier

Cutter oder Messer

Schere

Klebeband

Klebestreifen mit Fransen bestücken und an der Lampe anbringen – je nach Lampenmodell entweder nur außen am Rahmen oder in mehreren Lagen von innen nach außen (z. B. bei Lampen mit Gitterrahmen).

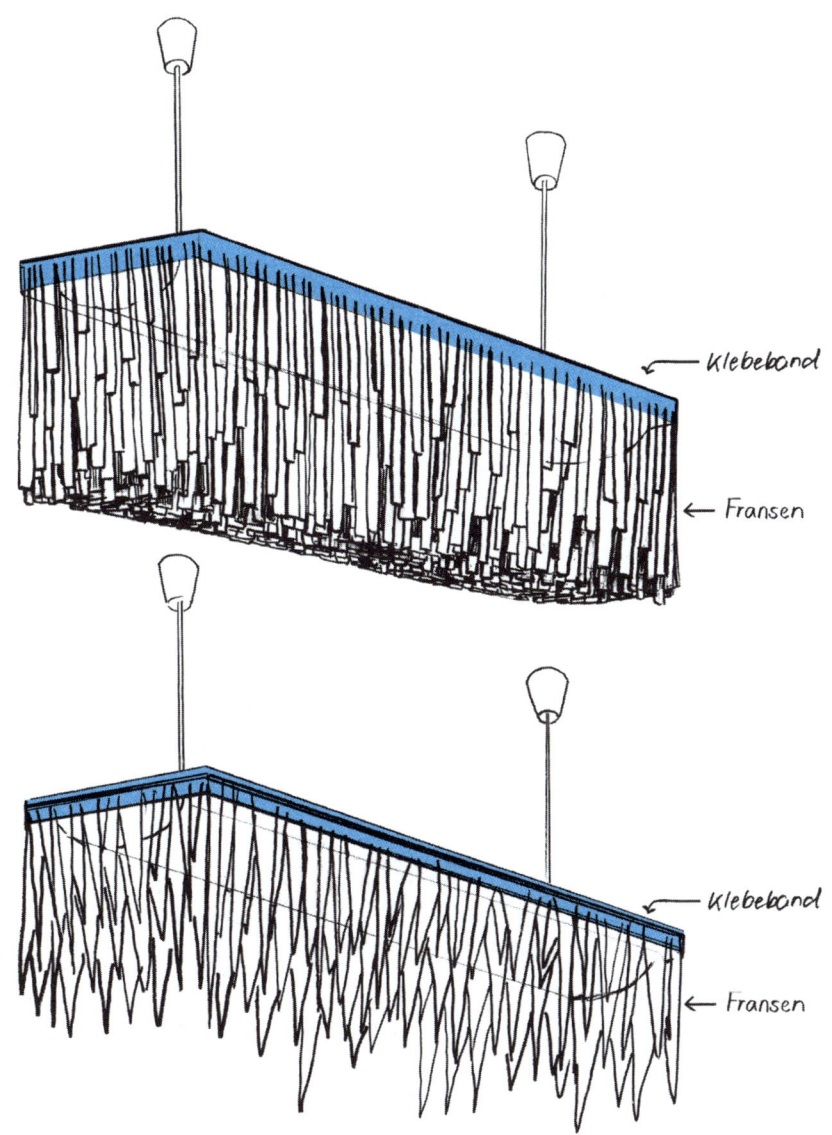

Klebeband

Fransen

Klebeband

Fransen

Nehmen Sie den Innovationspreis der Personal-
abteilung mit gönnerhaftem Lächeln entgegen
und bieten Sie gesponsorte Bastelkurse im Konferenzraum an. In den Augen der Kollegen und Vorgesetzten wird
Sie ein warmer Schein heilenden Lichts umgeben. Ja, Sie haben
etwas verändert – etwas Grundlegendes! Sie haben die Mensch-
heit ein Stück weitergebracht.

Das sagt der Coach

Was hier empfohlen wird, ist nichts Geringeres als eine
gepflegte Lichttherapie. Neue Untersuchungen haben
ergeben, dass grelle Bürosparleuchten Mittagsschlaf-
störungen, Stresspickel sowie das gefürchtete Office
Misery Syndrome (OMS) auslösen können.
Mit »Fransiskus« steuern Sie all dem direkt entgegen.
Es werde Licht!

Evaluation
Zeitverschwendung ★★★★★

Materialverschwendung ★★★★★

Steigerung des Wohlbefindens ★★★★★

30. O Streifenbaum, o Streifenbaum, wie grün sind deine Blätter
Weihnachtsbaum »Wörkleifbellens«

Weihnachten im Büro ist etwas Schönes! Schon im November stehen die ersten Plätzchenteller in den Sekretariaten, Lieferanten schicken Adventskalender und es gibt eine Ladung Extrageld. Alle sind zur Abwechslung mal richtig motiviert und fleißig, weil niemand weiß, ob die Welt auch nächstes Jahr noch existieren wird. Deshalb müssen noch schnell 375 E-Mails geschrieben werden. Denn wenn die Welt wirklich untergeht, ist das schließlich nicht mehr möglich. Oder es liest sie niemand mehr. Oder …

Ach, egal. Man hat auf jeden Fall das gute Gefühl, endlich mal berechtigtermaßen seufzen und stöhnen zu können, weil so viel zu tun ist.

Die ganze Hektik wird dadurch verstärkt, dass man früher gehen will, um auf dem Nachhauseweg noch ein, zwei Geschenke und Weihnachtsdeko einzukaufen – auf der verzweifelten Jagd nach dieser sagenumwobenen Wörkleifbellens. Mit »Leif« ist doch der 24.12. gemeint, oder nicht? Und der soll schön werden! Denn wann sonst sitzt man einfach nur in sich versunken rum, ohne irgendetwas Sinnvolles zu tun, glotzt auf einen Baum und denkt an nichts, vor allem nicht ans Büro?

Stopp! Denken Sie um! Jeder Tag kann Weihnachten sein, erfüllt mit Leben und Freude. Vergessen Sie die 375 Mails – im nächsten Jahr haben Sie entweder ganze 365 Tage Zeit, sie zu schreiben und zu beantworten, oder Sie sind mitsamt der restlichen Welt untergegangen. Basteln Sie sich stattdessen lieber ein Bäumchen für Ihren Schreibtisch, verwenden Sie so viele Haftstreifen, wie Sie nur finden können, und glotzen Sie es in aller Seelenruhe an, solange Sie wollen. Ein Bürotag hat acht Stunden. Willkommen in Ihrer ganz persönlichen Wörkleifbellens!

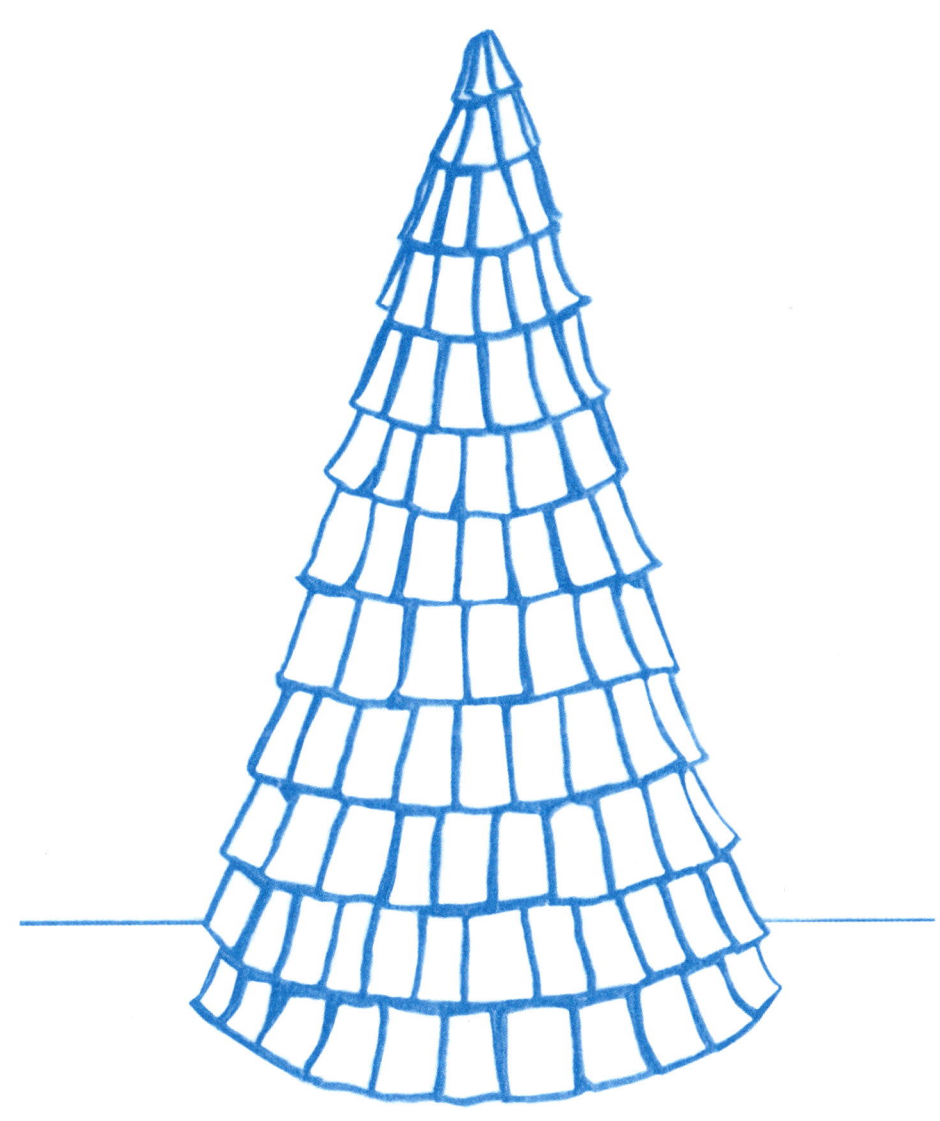

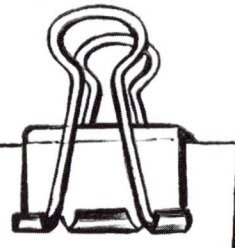

Das brauchen Sie:

☞ 1 Bogen hochwertiges DIN-A4- oder DIN-A3-Druckerpapier ab 200 g/m^2

☞ jede Menge Index-Haftstreifen (vorrangig grüne, aber zusätzlich auch ein paar andere Farben)

☞ Klebeband

☞ Schere

So geht's

Den Papierbogen wie auf der Zeichnung zurechtschneiden und zu einem Kegel einrollen. Dann den Kegel auf den Boden stellen, um ihn zu ebnen, und anschließend mit Klebeband fixieren. Nun Reihe für Reihe von unten nach oben mit Haftstreifen-Schindeln bekleben, bis das grüne Nadelkostüm den ganzen Baum bedeckt. Zwischendurch Akzente setzen mit gelben Leuchtgirlanden, roten Kugeln etc.

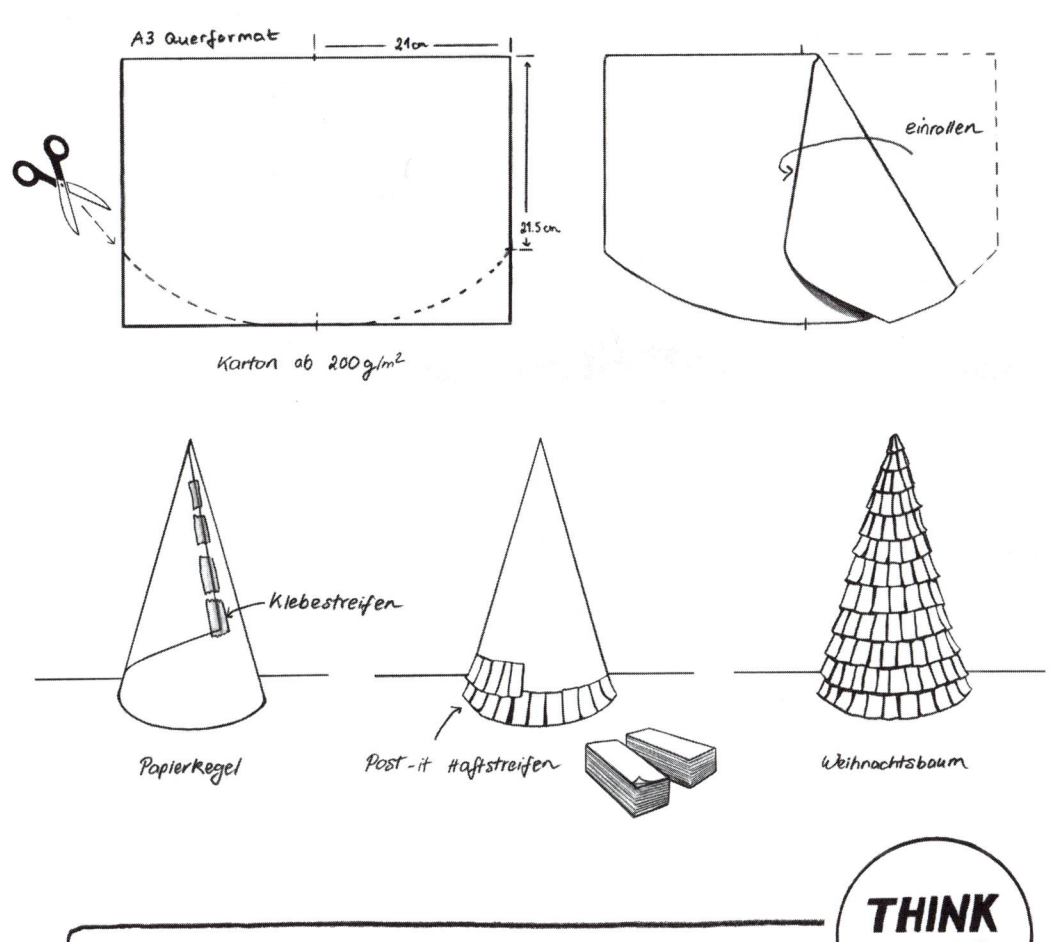

Weihnachten ist das Fest des Miteinanders. Basteln Sie einen mannshohen Post-it-Baum, stellen Sie ihn in den Konferenzraum und laden Sie die Kollegen zum gemeinsamen Schmücken und Bekleben bei Glühwein und Plätzchen ein. Das kann dauern. Genießen Sie es! Vergessen Sie die Kerzen nicht – und informieren Sie sich vorher über die Fluchtwege.

Das sagt der Coach

Der Begriff Work-Life-Balance wird leider immer noch allzu häufig falsch gebraucht. (Und falsch geschrieben – aber das nur am Rande.) Bei einer gesunden Work-Life-Balance geht es darum, möglichst viel Arbeitszeit mit arbeitsfremden Tätigkeiten, auch »Life« genannt, zu füllen. Der Weihnachtsbaum »Wörkleifbellens« bietet Anfängern eine wunderbare Übungsmöglichkeit.

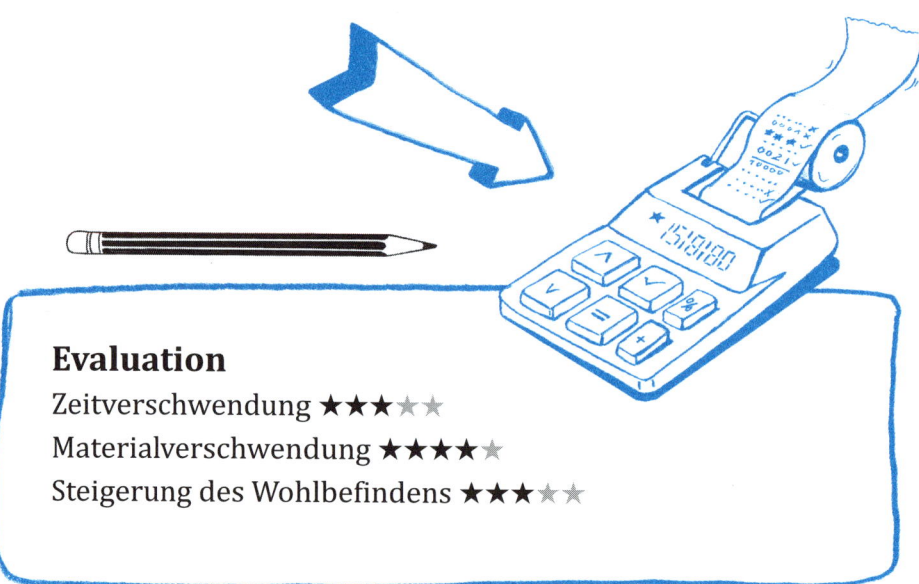

Evaluation

Zeitverschwendung ★★★☆☆
Materialverschwendung ★★★★☆
Steigerung des Wohlbefindens ★★★☆☆

Von: Dorothea.Kastelhuber@BüroOfficeBureau.de
An: Konstantin.Brenner@BüroOfficeBuerau.de
Betreff: Büroartikelverbrauch
(Wichtigkeit hoch)

Sehr geehrter Herr Brenner,

mit großer Bestürzung musste ich heute Morgen auf der Suche nach
einer Versandtasche im Sekretariat feststellen, dass vollkommen unbemerkt unser Büromateriallager regelrecht leer geräumt wurde.
Bei weitergehenden Nachforschungen kam heraus, dass auch in den
Büroküchen – ja, man muss es so sagen – geräubert wurde. Zudem
häufen sich die Beschwerden von Kollegen, denen Schubladen-, Abla-
gekästen und Schreibtischstuhlrollen entwendet wurden. Es besteht
dringender Handlungsbedarf.
Nachfolgend eine gemeinsam mit dem Sekretariat und dem Hausmeister erarbeitete Liste sämtlicher fehlender Artikel.

Mit den besten Grüßen,
Dorothea Kastelhuber

Bleistifte
   – mit Radiergummi
   – ohne Radiergummi
Büroklammern
Buntstifte
Computermouse
Cutter
DIN-A4-Papier

Foldback-Klammern
   -klein
   -mittel
Folienstifte
   -schwarz
   -rot
   -blau
Gafferband

Geodreiecke

Gummibänder

  -klein

  -mittel

  -groß

Index-Trennstreifen

Kaffee

Kaffeefilter

Klebeband (durchsichtig)

  -breit

  -schmal

Klebstoff (flüssig)

Klopapier

Leitzordner DIN A4

Lineale

Locher

Luftpolsterversandtaschen

Markierfähnchen

Musterbeutelklammern

Notizblöcke (bunt)

Packband

Paketschnur

Patafix

Pinnwandnadeln

Plastikbecher

Post-its

Prospekthüllen

Rundkopfnadeln

Scheren

Schlüsselanhänger

Schnellhefter

Schubladenkästen

Schreibtischablagekästen

Schreibtischstuhlrollen

Schreibtischunterlagen

Sekundenkleber

Tipp-Ex

Versandrollen mit Deckel

Versandtaschen

Die Autorinnen

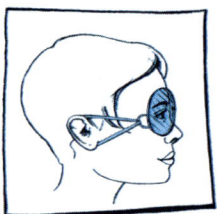

Viola Krauß litt an langwieriger Optionsparalyse und landete deshalb schließlich im Büro. Nach vielen lehrreichen Jahren in den Firmenapparaten von TASCHEN und Bastei Lübbe fasste sie sich ein Herz und machte sich selbstständig, um fortan die Verlagsangestellten dieser Erde mit ihren Übersetzungen, Lektoraten – und nicht zuletzt natürlich Ratgebern – zu entlasten.

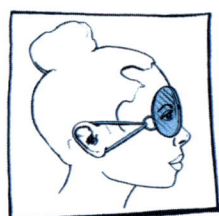

Nachdem **Martina Kiesel** ihre Designerseele eine Zeit lang mit verschiedenen Werbeaufträgen im Büro gequält hatte, beschloss sie, sich selbst treu zu bleiben und ihrer Leidenschaft zu folgen. Sie machte sich selbstständig, um für nette Kunden schöne und bis ins Detail durchdachte Dinge zu gestalten. Heute lebt und arbeitet sie als freischaffende Grafikdesignerin und Illustratorin in Berlin.